祝願 FRAME
汇聚新思维
共同品味生活的艺术
SiLLE 梁志天 二〇一四

以全球化心态过此出个最新动态，
以本土化思考打造出中国精英设计的风尚读本。

我谨代表毕路德 BLVD 全体同仁祝愿 FRAME 国际
中文版越办越好！

让中國設計走向國際！

喜爱 FRAMECHINA，祝明天更美好！

室内設計

一起努力做好中国

二〇一四 青萍

設計改變　　
創意点亮人生
　　　　　　辉煌
2014. 7.

为更接近生活的設計男市
刷创新页，重装上陈
展現思想，記錄設計
2014. 7.17

刘红蕾

設計之好 决非华硕之外表，
当然体验生活蒲呈和传播文化，
从而达到精神境界的提升。
2014. 7.17

设计事件和优秀設計
榜样，言上品牌媒体
真正记录時代精神

FRAME 中文版既展描绘了中国当代之生活
設計的光影和力量，也将為设計界的童喜培养、
給中国设計的未来提供主題。谢谢！
袁昕
2014年7月

Contents
目录

122

图片 Miguel de Guzmán

Features 专案

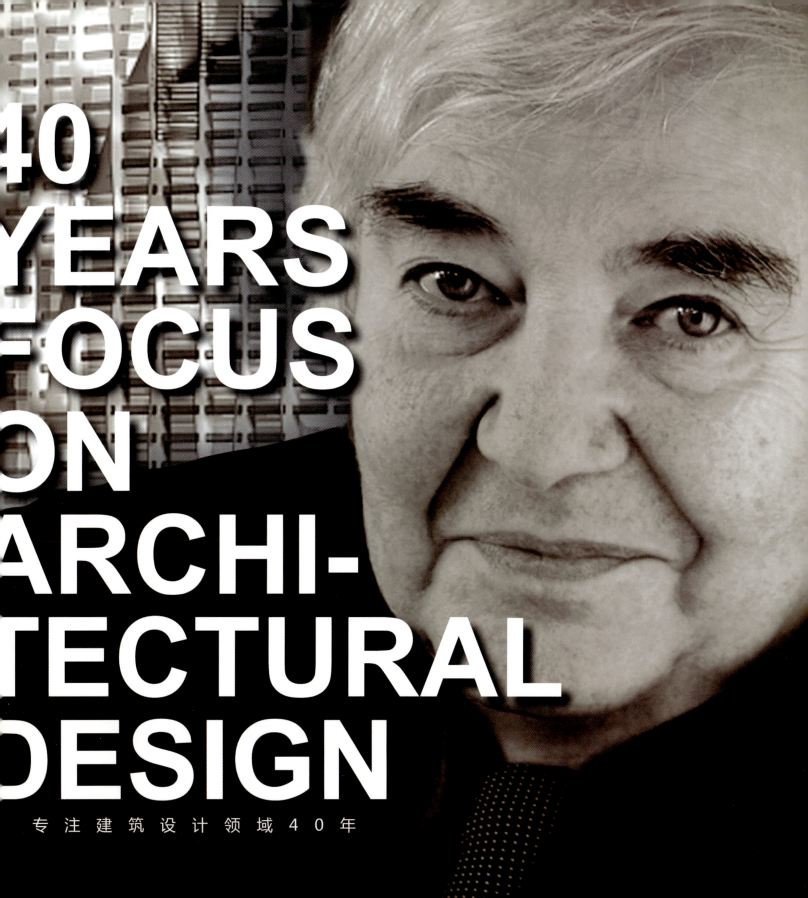

40 YEARS FOCUS ON ARCHI-TECTURAL DESIGN

专 注 建 筑 设 计 领 域 40 年

图片 Andrew Meredith

210

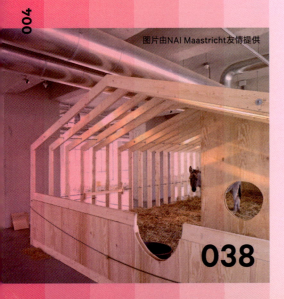

图片由NAI Maastricht友情提供

038

晶麒麟
CRYSTAL KYLIN
陈设艺术设计大赛
DISPLAY ART DESIGN COMPETITION

2014 — 2015
作 品 徵 集 即 將 啓 動

報名網址：http://jingqilin.com
聯系電話：010-65382920

主辦單位
Organized by
中國室內裝飾協會陳設藝術專業委員會
The Art Display & Decoration committee Under The CIDA

協辦單位
Co-organizer by
藏瓏會、無上堂
Art Living、Wushangtang
廣東華頌家具集團
Huasong Furniture Group
中國設計全媒體
Chinese design media

學術支持
Academic supporters

清華大學美術學院　　中央美術學院　　廣州美術學院　　中國美術學院
四川美術學院　　西安美術學院　　魯迅美術學院　　天津美術學院　　湖北美術學院
Academy of Art & Design，Tsinghua University；Central Academy of Fine Art
Guangzhou Academy of Fine Arts；China Academy of Art；Sichuan Fine Arts Institute
Xi'an Academy of Fine Arts；LuXun Acadrmy of Fine Arts；Tianjin Academy of Fine Arts
Hubei Institute of Fine Arts

编著
东方析羽文化传播有限公司

主编 Chief Editor
高丽 Gao Li

策划总监 Planning Director
柳战辉 Jacky Liu
jackyliu@designgroupchina.com

执行主编 Executive Chief Editor
海军 Hai Jun

艺术总监 Art Director
师岚 Shirley

责任编辑 Editor in Charge
张军 Zhang Jun

编辑 Editor
叶玮 Ye Wei   李素梅 Li Sumei
电子邮箱 Email
info@designgroupchina.com

特约翻译 Translation
FAWA Workshop:
安乐 Allan An   杨波 Yang Bo   张昱 Zhang Yu   徐可纾 Xu Keshu

本期特约撰稿人 Contributors to this issue
Alex Bozikovic
Simon Bush-King   Penny Craswell   Emma Fexeus   Grant Gibson
Kanae Hasegawa   Merel Kokhuis   Cathelijne Nuijsink   John Ryan
Türkü Sahin   Masaaki Takahashi   Katya Tylevich   Suzanne Wales

北京编辑部 Editorial Department
地址 Address
北京市朝阳区望京西路48号
金隅国际E座12A05
电话 Tel
+86 10 8477 5690

图书在版编目（CIP）数据
许多北京 / 北京东方析羽文化传播有限公司编著.
— 北京: 中国青年出版社, 2014.7
（FRAME / 高丽主编）
ISBN 978-7-5153-2609-2
I.①许... II.①北... III.①室内装饰设计－北京市－图集 IV.①TU238-64
中国版本图书馆CIP数据核字（2014）第185634号

出版发行 Publishing
中国青年出版社
地址 Address
北京市东四十二条21号
印刷 Printing
北京顺诚彩色印刷有限公司
开本 Folio
635×965 1/8
印张 The sheet
28
版次 Revision
2014年8月北京第1版
印次 Impression
2014年8月第1次印刷
ISBN
978-7-5153-2609-2

定价 Price
128.00 元

《FRAME国际中文版》是全球顶尖的以室内设计、空间设计为主，横跨产品设计、家居设计、材料设计、时尚设计等多种设计领域的综合设计媒介。作为服务于全球顶级室内设计师、空间设计师、创意工作者从事创新工作时的决策和判断依据的专业媒介，《FRAME国际中文版》在每期内容的创作上力图呈现对未来空间设计走向和创新走向最具启发性，探索性的设计案例、思想、工作方法。

凝聚智慧，激发创新
where Innovation
Meets Application

ASIA
DESIGN
MANAGEMENT

杭 州
2014

亚洲设计管理论坛

尊敬的阁下

敬邀出席2014年（杭州）亚洲设计管理论坛，
传递知识、分享经验，交流、对话与协作。
时间：2014年11月7、8、9日。

亚洲设计管理论坛

杭州市人民政府 ｜ 中央美术学院

亚洲设计管理论坛开幕论坛
亚洲设计管理论坛闭幕论坛

建筑设计管理论坛、室内设计管理论坛、
产品设计管理论坛、品牌设计管理论坛、
体验与交互设计管理论坛、时尚设计管理
论坛、青年领袖论坛

亚洲设计管理论坛奖
亚洲生活创新展

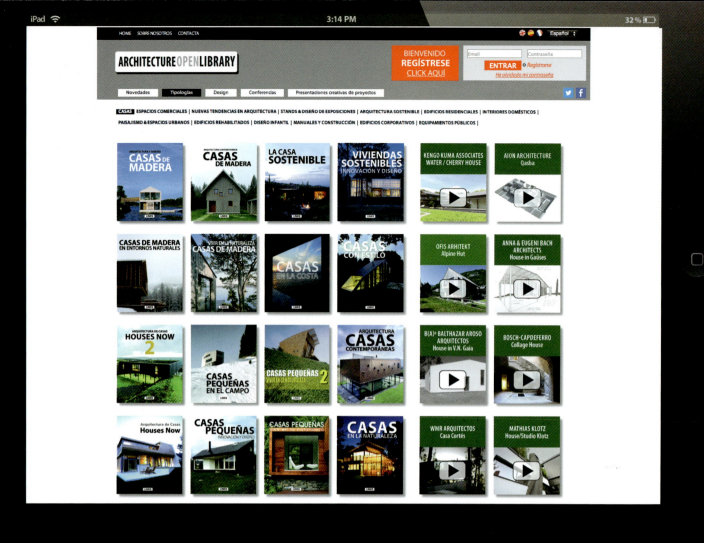

欧洲领先的建筑室内出版机构

Links Books 隆重向中国读者

推荐"*AOL* 建筑开放图书馆"

任意电子设备即可登陆 *AOL* 建筑

开放图书馆，畅览建筑设计图书

- 超过6000 个设计案例
- 电子书、讲座视频、设计工程实录
- 每周更新
- 任意电子设备即可登陆
- 一键登陆

ARCHITECTURE OPEN LIBRARY

http://linksbooks.artron.net

AOL, 您指尖上的建筑图书馆

价格
~~¥590/年~~ *Frame/Mark* 读者特惠仅需

¥420/年

AOL图书馆涵盖范围

建筑、室内、景观、产品、平面设计；

住宅、商业、办公、文化、娱乐、餐饮、展示；

材料、结构、工程；

生态、数字、儿童专区等。

Visions

复杂化建筑
By Akihisa Hirata

由设计师Akihisa Hirata举办的作品展即将开幕。此次展览吸引了众多游客来关注这位建筑师。

文字 *Inês Revés*

010

    Akihisa Hirata展览的概念是"复杂化建筑物"。Hirata等年轻一代的日本设计师已将触角伸向世界各地。但他与同龄人,例如Sou Fujimito和Junya Ishigami不同的是,Hirata刚刚开始将作品推向国外,而Sou Fujimito和Junya Ishigami已在欧洲举办过多次展览。"复杂化建筑"是Hirata的作品首次单独在国外亮相。

    由Hirata亲自设计的此次展览,强调了他的建筑观点。各种观点的交织和错综复杂体现了人造世界和自然界之间的关系。卷旋状环形内的中央夹板装置体现了他的方案。他想象着在他的作品前徜徉的参观者:当他们发现这些以模型、示意图、电影放映等形式出现的作品时,他们会将整个身心完全融入作品。

    策展人为Naomi Shibata,展览位于建筑基金会的展览场地。

hao.nu

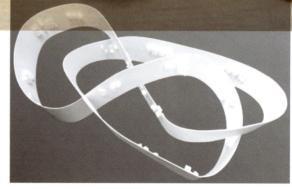

设计师鼓励参观者走进环形装置并围绕该装置走动

Hirata认为建筑物是错综复杂的。

新包豪斯博物馆
By MenoMenoPiu Architects

MenoMenoPiu建筑事务所报名参加了德国魏玛的新包豪斯博物馆的全球竞赛。该博物馆的特征是借助该建筑的透明正立面，利用模糊的界限在室内和室外形成流动空间。这些正立面旨在将该项目与现有环境联系起来，而不是在新旧建筑物间建造藩篱。

参赛作品
德国，魏玛
mmpaa.eu

博物馆的流动空间将其与周边环境联系起来。

我的殡仪馆
By Daniel Simmons

"我的殡仪馆"是针对"当代废墟建筑"的研究项目，它是 Daniel Simmons 设计的独立建筑。尽管建筑中没有明显的供电或供热装置，但电或热可在任何时候使用，旨在为参观者带来隐秘氛围中隐居式的冥想体验。各出口可以使自然光进入室内。

加拿大，安大略省
danielsimmonsstudio.com

36设计酒店
By Saraiva + Associados

Saraiva + Associados建筑事务所承接了莫斯科一家酒店的翻新项目，该项目展现了建筑师对现代化事物的辨别力，以及他们对原始建筑物遗产的尊重。

俄罗斯，莫斯科

saraivaeassociados.com

硅藻
By Sitbon Architectes

Sitbon建筑事务所为D3自然系统竞赛设计了硅藻，这种可大量漂浮于水中的植物共分为三级。

参赛作品

印度尼西亚，巴厘岛，库塔海滩

sitbonarchitectes.com

城市绿洲
By Influx Studio

Influx Studio设计工作室设计的花边城市华盖，利用了Manama为新公共空间提供的建筑提案中的文化属性和自然景观。

巴林，麦纳麦

influx-studio.com

坍塌控制
By Alexandre Guilbeaultand & David Giraldeau

AG & DG建筑事务所参与了Evolo摩天大楼的竞赛设计。作为新型建筑物，它适用于开发城市商务区内的垂直社区。

参赛作品

无指定地点

alexandreguilbeault.com
r3m3d.com

摩天大楼
By We Architecture

We 建筑事务所报名参加挪威瓦勒的教堂竞赛设计，此次竞赛以空间的灵活性为特征，该空间将举办一系列活动。

参赛作品
挪威，瓦勒
we-a.dk

像素化桥梁
By Gabriele Rovati、Diego Stefani and Gianpiero Venturini

为了制造跨越阿姆斯特丹众多隧道之一的桥梁，意大利建筑师三人组设计了一个"像素"模块化系统，每个像素为2-x-2-m的混凝土砖，该系统的像素可任意设定。

参赛作品
荷兰，阿姆斯特丹
itinerantoffice.com

洛桑市天文馆
By Studio DMTW

洛桑市天文馆的概念建立在将现有建筑精心整合的基础上，从而实现它与新建建筑物之间的对话。

参赛作品
瑞士，洛桑市
Studio-dmtw.de

为老年人增寿
By Kengo Kuma

在建筑师Kengo Kuma为日本陆前高田市的老年人设计的老年中心中，他希望气仙沼市当地的木匠用气仙雪松为本地人建造舒适的家园。

日本，岩手县，陆前高田市
kkaa.co.jp

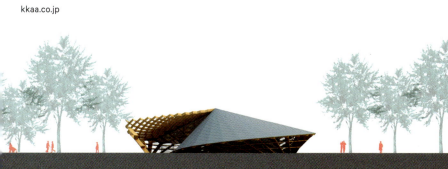

图片 Roland Halbe

速写

图片 Masao Nishikawa

Stills
速写

图片 Luc Boegly / Les Arts Décoratifs

030
威登梦幻
Samantha Gainsbury et al.

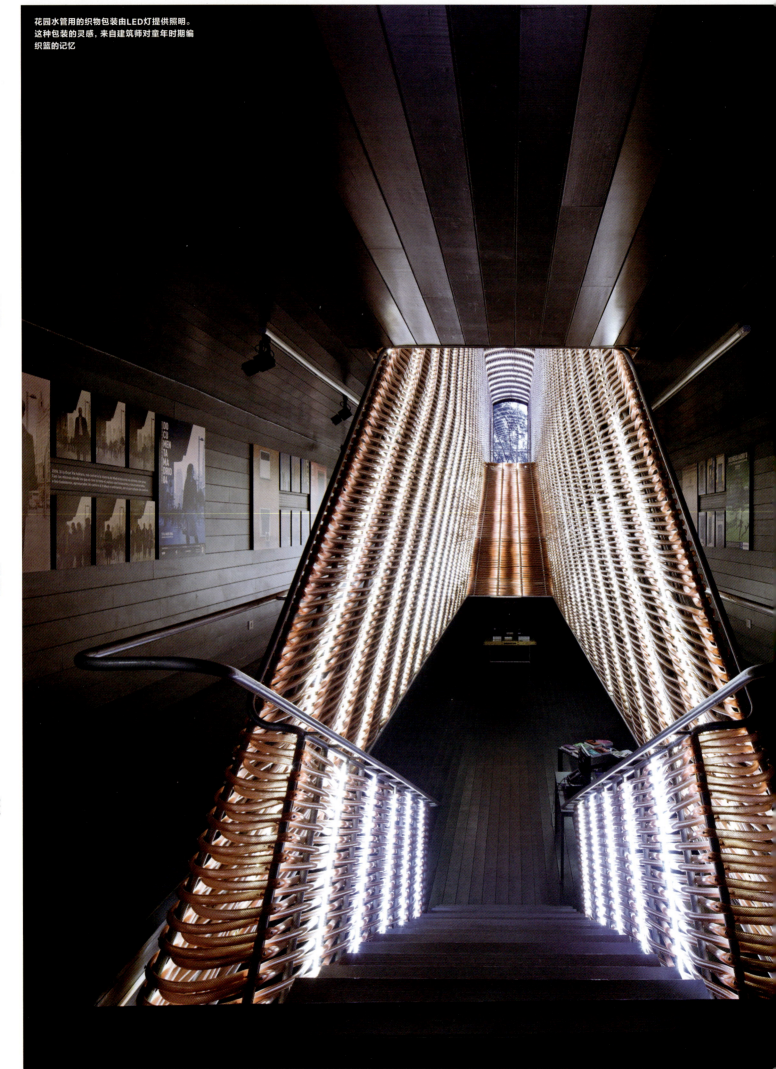

马德里

电影院

016

管道之梦

**普通的花园水管和LED灯低调地组成了光彩熠熠的西班牙影院,
令人叹为观止。**

文字 **Suzanne Wales**
图片 **Fernando Guerra**

在电影院中的体验宛如进入梦境,在梦中,记忆塑造出我们每个人想要深入了解的事件。夫妻档建筑师Josemaria de Churtichaga和Cayetana de la Quadra-Salcedo为马德里的新电影院蒙上了大众和私人的记忆。该影院为西班牙首家专门放映非虚构影片的影院。

此项目包含两座影院、一家电影制片厂、一家档案馆和一家咖啡馆,占据了一座仓库的面积。仓库的前身是Matadero Madrid屠宰场,目前这座屠宰场已被翻新为巨大的文化中心。

松树墙背景绵延不绝,均被涂成鸽灰色。在这些墙壁上,两位建筑师置入了特殊元素,这些元素的灵感来自对童年时期编织篮的记忆以及编织篮上类似"无穷大"符号的结构。花园水管由普通材料制成,水管的长度及这些编织元素构成了梯形楼梯的雕刻包装,将这座档案馆和软帽似的入口与放映室和其内部墙壁相联系。水管与LED灯交织在一起,产生一种灯光与阴影闪烁不定的"电影"效果,同时具有隔音壁的功能。

chqs.net

武汉像素盒子影院通过装潢向多彩的网格致敬，
这些网格构成了今天的数字电影

像素电影

壹正企划有限公司将"像素"在武汉电影院
真实再现。

文字 **Lydia Parafianowicz**
图片 **Ajax Law Ling Kit**

像素是所有当代电影的数字基础，它同样非常适合中国武汉的一家影院，该影院由正方形和矩形的"像素化"元素构成。块状物覆盖着墙壁、地板和天花板，形成一定的纹理，将8835平方米的室内面积划分成若干区域。

诚如壹正企划有限公司的设计师龙慧祺和罗灵杰所言，像素元素和立方体的使用"已流行了若干年"，因而成为"避免设计出陈词滥调作品的挑战"。

他们的解决方案旨在"从像素主题中探索新的理念，通过使用不同的格式，从而加强像素和观众之间的互动"。

门厅由6000平方米的不锈钢板围成的墙壁，可谓是令人叹服的杰作。不锈钢板的角度和外形得到严格控制，反射光束将走进仿佛无穷尽空间的人们带入催眠状态。狭长的模块从墙壁中凸起，拼出这座影院的名称：像素盒子。租赁柜台由各种尺寸的方形部件组成，短而结实的椅子和桌子的样式也与租赁柜台的样式相同。玻璃桌面下方的LCD屏幕，放映供等待观众观赏的新电影预告片。走廊将影院的观众席几乎划分成方形。走廊内放有像素状装置，由它们放映经典影片的画面。

onepluspartnership.com

新概念宾馆的"用户友好"机器人语言系统，不仅激发了酒店宾客的想象力，同时也是一种工业艺术品

嗨！机器人

宾客在纽约新概念宾馆寄存行李时，机器人管理员向他们致敬。

文字 Lydia Parafianowicz
图片 Frank Oudeman

在纽约市新概念宾馆，管理员不再负责行李保管工作，而是由机器人完成，这种情况可谓是纽约城的首创。该型号机器人的机械手臂在工厂装配线上安装，通过对该复杂装置进行改进，将其置入人性化的系统。

新概念宾馆提供117个隔间，可存放72个大的和45个小的行李箱。宾客使用触摸屏来说明待寄存包裹的尺寸和数量。机械臂将空箱运到由金属栏防护的落箱区。金属栏打开，用户放入箱包，箱包由传感器称重。然后机器人将箱子放回隔间，同时向宾客出具条形码牌。数小时或数周之后，使用该系统不再计时收费，顾客扫描条形码，将箱包取回。

"我们认为形式与功能相伴，我们想把工业形式用作艺术形式，但不是绘画或雕塑，虽然此前有过先例。"新概念宾馆的首席执行官 Gerard Greene，结合项目指出这一点。"任何人都没有在酒店的接待处设有移动机器人。"此项概念适合崇尚科技的新概念宾馆，该宾馆还提供自动化登机手续办理服务。

mfgautomation.com
yotel.com

VISION
FASHION MANNEQUINS

visionmanichini.it

太空入侵者

艺术家们展示了突破常规框架的作品。

文字 Inês Revés

Raphael Hefti
在卡姆登艺术中心

这是瑞士艺术家Raphael Hefti在英国举办的首次个展。此次个展向世人呈现了他致力于工业生产研究的成果。Subtraction as Addition这件作品的灵感,来自Luxar(抗反射)涂层工艺,利用这种工艺制造的"博物馆玻璃"能够产生出人意料的光学效果。

camdenartscentre.org

图片 Derek Porter

Anne Lindberg
在内华达艺术博物馆

Modal Lines是设计师Anne Lindberg在内华达艺术博物馆举办的首次个展。此次个展着重展示了Andante Green项目。该项目采用富有活力色彩的埃及棉线。她的这款特殊的现场装置为参观者带来了迷人的视觉体验。

nevadaart.org

Sébastien Preschoux
在David Bloch画廊

来到马拉喀什David Bloch画廊的参观者,可以欣赏到Sébastien Preschoux的图形装置。Sébastien Preschoux的展览标题为"光之紊乱",尽管这位来自巴黎的艺术家的复杂作品具有数字美感,但它完全是由手工塑造的。这件作品作为艺术家经过深思熟虑后发出的声明,强调了"不存在完美无瑕的艺术"这一价值观。

davidblochgallery.com

艺术

图片 Nash Baker

Yasuaki Onishi在莱斯大学美术馆

日本艺术家Yasuaki Onishi在休斯敦的莱斯大学美术馆，向人们展示了其作品"体量的反转"（Reverse of Volume），这款悬浮装置是由塑料片和黑色热熔胶制成的。无数的黑线将这款装置进行固定，使其悬挂在半空中。这件艺术作品看起来令人费解，但最终会让参观者领会到它的玄妙之处。

ricegallery.org

Do Ho Suh
在三星美术馆"李馆"

由三星美术馆"李馆"主办的家中家展览，展示了韩国艺术家Do Ho Suh的26座雕塑作品。Do Ho Suh的全部作品均围绕"家"的概念而创作。

leeum.samsungfoundation.org

让术语变得生动有趣

工作室每天都为Wolff Olins将商业术语以生动的视觉形式表达出来。

DayGlo色彩的室内装置。从顶部到底部的简约几何形式，代表着"意志坚强""以实验为基础""有用"和"无界限"

文字 **Jane Szita**
图片 **Jeremy Liebman**

在Wolff Olins名为《游戏变更者》的新商业报告中，他要求艺术指导机构Everday Workshop将他的理论付诸实践：为品牌咨询公司的伦敦办事处，将五项游戏变更概念体现在一系列装置中。Everday Workshop必须使用DayGlo几何学的抽象爆炸和3D元素，来为Wolff Olins白色的工作室空间供电，同时隐晦地解释了该工作室在21世纪商业中的五项优点。

根据咨询公司的说法，"意志坚强""以实验为基础""有用""无界限"和"创意的价值"，是将当今的顶端企业参与者（比如苹果、乐高和谷歌）与普罗大众区别开来的品质。Everday Workshop将"无界限"直观化，例如，使2D球体壁饰逐渐脱离画面，漂浮在办公室顶端。而"意志坚定"是通过枢纽的墙壁图表和网络表达出来的，以冲出的姿态远离框架。

Wolff Olins的创意总监Jordan Crane说："游戏变更者网站上的装置图片，吸引了近50%的参观者下载报告。""对此我们很欣慰，"他说，"我们想制作一些动态事物，印刷和放映这些事物都很有趣，而且可以在许多不同的平台上进行操作。"

everydayworkshop.com

办公室的
最佳状态

**C4ID设计公司的不插电金属棒将办公室改头换面，
变成聚会场所，帮助员工平衡工作与生活。**

文字 **Merel Kokhuis**
图片 **Roos Aldershoff**

　　随着时间的推移和组织的发展，在阿姆斯特丹世贸中心大厦的某家金融企业，租赁了大厦更多的空间，各楼层遍布着诸多办公室。当地的室内专家C4ID设计公司被引介过来，塑造了各个空间组成部分，使它们融为一体。客户需要具有产业氛围的共享空间，白天员工在这里有一种宾至如归之感，下班后他们还可以在这里举行晚会。这里必须具备多功能环境，可以很容易地腾出空间来举办大型活动。

　　"我们的解决方案包括移除现有的天花板系统，拆除旧楼梯，用不锈钢模型来替换它们。"来自

C4ID 设计公司的 Casper Schwarz 说："将金属棒放置到更高的天花板区域，这样我们就能够在柜台和凳子的上空悬挂大型照明设备。午餐桌位于天花板较低的区域，这里的隔音效果更好。"内部最引人瞩目的元素是电蓝色数据线（暗指员工在数字世界中工作）和悬停桌面。悬停桌面可以升起，也可以自由地降低到接触地板，以供员工娱乐。

c4id.nl

**C4ID设计公司的不插电金属棒属于公共空间作品，
提供了午餐和活动空间**

城市
抽象画

具有剧院般幻想感的SoHo办公室，归功于玻璃、半透明纤维和So-II设计公司。

Logan办公室采用了明亮的玻璃和透明纺织品进行建造，呈现出游离于透明和模糊之间的效果

室内，使整个办公空间的色彩焕然一新，同时还能防止天花板出现阴影，给人带来悬浮的超现实主义状态。纺织品墙壁后面的图形移动着，行迹模糊，如在雾中；玻璃隔墙后面，无人能听得见对话，尽管可以从嘴唇看出谈话内容；向窗外望去，微弱的嘈杂声从街道上传来，这时能让人感到置身于陌生但又熟悉的城市抽象画中。

so-il.org

文字 **Katya Thlevich**
图片 **Iwan Baan**

So-II设计公司位于纽约市SoHo区颇为时尚的街道上。该公司将604平方米的三层阁楼改造成梦幻般的办公室，即呈现出未来主义的感觉。这个工作场所是为Lognan这家两面沿海的生产公司设计的，分为两个完全相同的直线型空间，每个空间里面安置着长20米的定制桌子。考虑到在视觉上保持透明感的办公室在听觉上能够具备私密性，So-II用玻璃墙将每张桌子的尾端包裹住。阁楼的外围，三个隔音套房具有极佳的私密性，同时在外观上采用了柔和的灰色。

办公室最为引人注目的元素，是从天花板到地板均使用了透明纺织品。在白天，墙壁令自然光洒满

升向顶部
光芒闪耀

这些垂直照明方案模仿了成排的树木、瀑布和市区丛林。

文字 Inês Revés

Namus 餐厅

Chiho & Partners 设计公司设计了一套几何形状的灯具，令人印象深刻。该灯具是为一家位于韩国城南市的餐厅Namus特别设计的，由钢和腈纶制成，其形状是模仿大都市高低起伏的大厦。

图片 Chiho & Partners
chihop.com

精品店
Patrick Roger

设计师Gilbert Moity为布鲁塞尔一家手工巧克力店量身设计了"悬挂树林"灯具。在高天花板的狭长商店内，是长长的展示品台，展示品台的上方悬浮着一列白色和绿色拼接的灯管，为甜品和整个空间提供照明。

图片 Gilbert Moity
gilbertmoity.com

Skid Row Housing Trust

Lorcan O'Herlihy 建筑事务所在设计洛杉矶的一座办公室时，基于"灯光森林"的概念，将现有的构造柱改造成由钢管和LED灯制成的"树木"，使得它们熠熠生辉。

图片 Lawrence Adnerson Photography
loharchitects.com

重庆"山与城"售楼处

在中国重庆一家房地产公司的穴状售楼处内，香港壹正企划有限公司在天花板上悬挂了LED灯具，形若仿真瀑布。

图片 Ajax Law Ling Kit和Virginia Lung
oneplusparship.com

悬空的车辆

设计师Jan Kaplicky和Andrea Morgante设计的Enzo Ferrari
博物馆采用的是超级跑车元素，而不是建筑学元素。

将车辆提升到距离地面4.5厘米的底座上，赋予
它们艺术品位，让参观者从全新的角度观赏这些
车辆

文字 **Jane Szita**
图片 **Studio Cento 29**

通过摩德纳狭窄的中世纪街道和巴洛克风格的
教堂，你也许对这座寂静的意大利城市毫无所知，但
它是超级跑车的精神家园：法拉利、兰博基尼、玛莎
拉蒂和帕加尼共同分享着当地坚硬的沙地。所以当
摩德纳决定投资1.4亿欧元，使其汽车传统更加吸引
公众注意时，它求助于Future Systems公司的设计
师Jan Kaplicky，希望由Jan Kaplicky设计一座像
法拉利发动机一样绚丽的新博物馆。

最终落成的博物馆是采用超级跑车元素而不是
建筑元素设计的，具备令人不可思议的流畅性。令人
难过的是，它成为了Kaplicky的遗作——施工初期
他就去世了。接力棒传给了他的助手Andrea Mor-
gante（现任职于Shiro Studio工作室）。Andrea
Morgante继续建造这座建筑和布置室内，它们十分
艳丽，如同底盘的外部的补充。

"内部须尽量中立，用以展示车辆。"Morgante
说："我想像艺术品一样展示它们，因此我将它们提
升到平台上方的地板以上。"即使每个柱基造价1万
欧元，也完全投资支付。这座建筑非常挺拔，使得

车辆如同放置于与众不同的王国内。设计师将摩德
纳黄用于卡普利茨基的波形屋顶上，这同样也是法
拉利和城市本身生机勃勃的色彩，给这个婀娜多姿
的白色空间带来了生气。在毗邻的法拉利建筑物内，
相同的主题转变为纵向起伏不定的森林，向世人展
示着Enzo一生传奇的故事。

shiro-studio.com

JOHANSON®
DESIGN

P77

Design: Jonas Lindvall

威登梦幻

在巴黎为Louis Vuitton的领导者举办的展览。

文字 Chris Scott
图片 Les Arts Decoratifs/Luc Boegly

　　两位截然不同的男士，来自完全没有交集的时代，但他们有一个共同点：奢侈品牌Louis Vuitton的领导者。品牌创建者Louis Vuitton和品牌前任艺术总监Marc Jacobs，二人作为时尚界的创造者、发明者和伟大的贡献者，在巴黎的Musee des Arts Decoratifs一次展览中同时受到庆贺。

　　此次展览由Samantha Gainsbury和Joseph Bennett设计，由Pamela Golbin组织，Katie Grand担任创意顾问。展览占地两层，完美阐释了这一世界著名品牌的历史和持续发展状况。第一层献给Louis Vuitton，他于1854年为公司奠基，以"时尚界的包装工人"推销自己，最终引领该品牌的成长。

　　第二层献给Jacobs，他在1998年携带Vuitton的高级成衣而来。他的这次时尚创作展非常有趣，令人印象深刻：以动画模特（Desi Santiago的古怪作品）游乐队伍的形式展示了作品的工艺和质量，为参观者奉献出互动元素、动态影像和音乐。这种方式恰如其氛地展示了他的作品和灵感源泉，极富想象力。

　　此次展览反映了Jacobs是如何成功地推动事物前进，在现代为威登带来出色的优势，同时保持了品牌经典、优雅的风格。但是，正如他审慎地补充道："Louis Vuitton……将与我同在。"

lesartsdécoratifs.fr

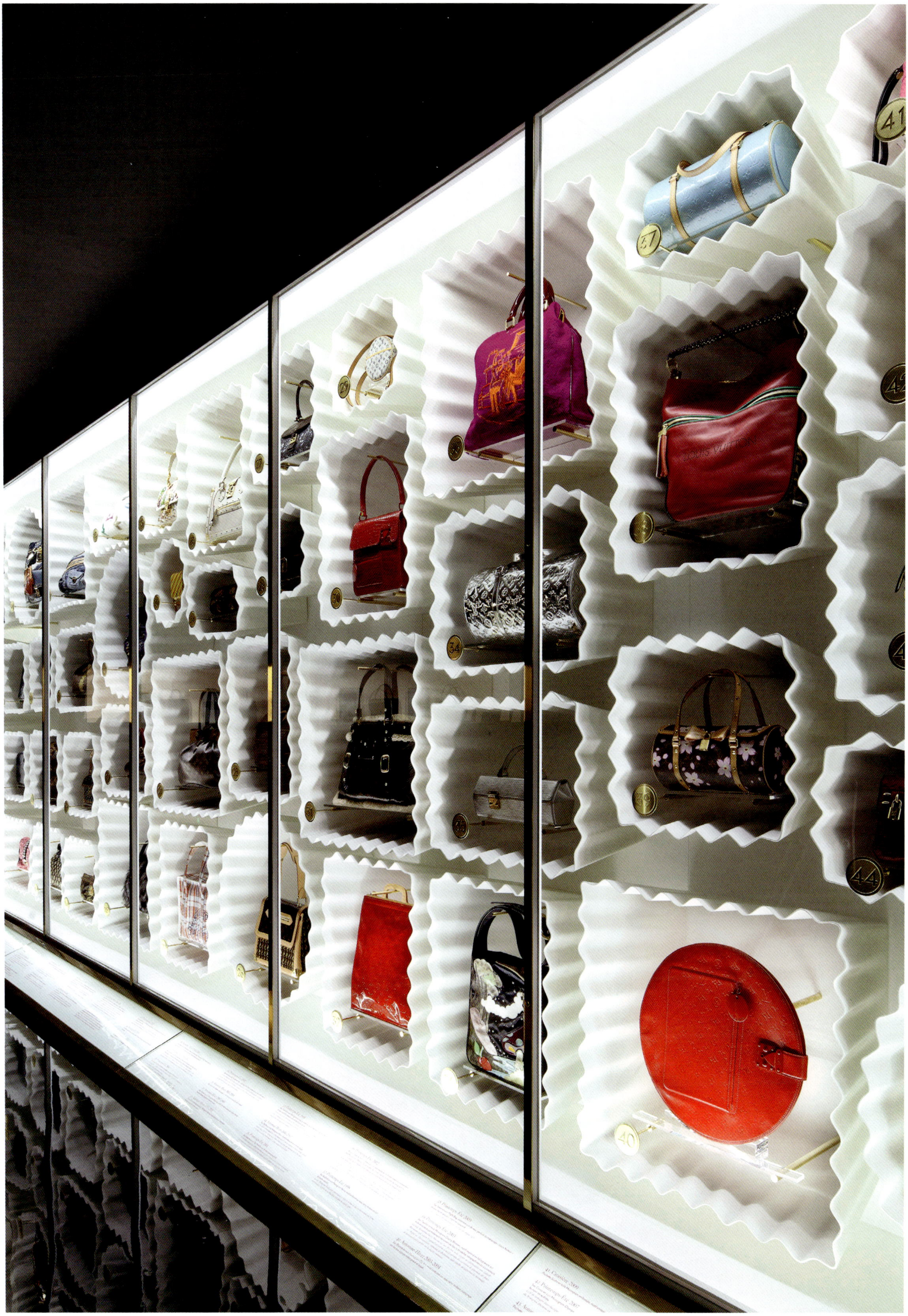
41
37
34
44
40

空中戏剧

在巴黎莱斯班德码头举办的Comme des Garçons
春夏精品展。透明穹顶展示了Comme des Garçons
品牌缥缈的特色。

文字 **Chris Scott**
图片 **Pierre Antoine**

巴黎Musee Galliera画廊翻新期间，使用了
Jakob+MacFarlane公司设计的场地——莱斯班德
码头来举办展览。还能找到更好的地方吗？

博物馆馆长Olivier Saillard看过时尚秀后，全
权委托来自Comme des Garçons品牌的设计师Rei
Kawakubo重新诠释这些精品，以获得静谧的环境。
对此次名为White Drama的展览，Kawakubo在一系
列透明穹顶内，展示了其服装品牌中的纯白色礼服，
这些服装夸张地展现了出生、婚姻和死亡的主题。

一个空间中的空间，与BuddleTree的合作实现
了这样的展示效果。BuddleTree是生产适于居住的
充气帐篷的制造商。为了满足Comme des Garçons
品牌的需要，每个帐篷配有两个小电动汽轮机，由它
们供应稳定的气流。单向阀能够使穹顶充满气体并
得以维持。

comme-des-garcons.com

充气式设计为White Drama增添了梦幻一般的
氛围。White Drama是Comme des Garçons
的一次时尚展

HEART MADE.
HAND FINISHED.

Created with Swiss precision and high quality demands. Combined
with the love for detail, exceptional bathroom concepts come to life:
LAUFEN living square, design by platinumdesign

LAUFEN

Bathroom Culture since 1892 ✚ www.laufen.com

ZOO展览和Zionism中的字母Z，是就加沙当前
形势进行的空间探索

动物吸引力

在对公园和犹太主义的探索过程中，Malkit Shoshan穿梭于诗歌与政治之间。

文字 **Jane Szita**
图片 **NAI Maastricht**

NAI Maastricht组织请求以色列艺术家和研究者Malkit Shoshan举办一次她的获奖图书（Atlas of the Conflict: Israel-Palestine）展时，她面临着跨媒体的挑战，即把对政治规划的深度研究转化为迷人的参观者体验。她依据该书的部分内容，挑选了词典中的字母Z。Z在词典中只有两个条目：公园和犹太主义。

根据这两个看似无关的概念，她提出了一种可以唤起记忆的装置，它具有启发性而不是争执性，具有诗意而不是政治性。灵感来自加沙巴基斯坦年轻的动物园业主的故事。他遭遇封锁，开办的动物园不能够得到真正的野生动物，然后他机智地给驴刷上油漆，使它们看起来像是斑马。

展览以动物园内驴的故事开始，它们在联合国难民营似的洞穴建筑物里，静静地用力咀嚼着干草。这个遭到过炮弹毁坏的房屋，变成了洞穴难民营。老鼠则表达了Shoshan关于加沙人口密度的观点，也可能只是用它们的滑稽动作来取悦参观者。该装置活动以来自荷兰的时尚设计师Conny Groenewegen设计的"流苏花边"作为结束。

参观者被限制在狭窄的走廊内参观展览，展览中有一半装置是由沙子构成，暗示了Zionism对巴勒斯坦的观点。"里面包含多个故事"，Shoshan说，"见多识广的人们可以观看到涉及巴以局势的内容，其他人就只能观看到动物而已。"

虽然 Shoshan 认为阻止参观者观看沙滩的"检查站"包含了大量信息，但该装置使用了视觉手段，提出对各种概念的反思，比如家庭生活和野外生活、囚禁与自由、避难和监禁。"我想用设计的魅力来与对政治毫无所知的人们建立联系"，Shoshan 说，"设计不单与装饰相关，它还可以讲述战争和人权的故事。"

seamless-israel.org

折中主义

Martin Creed对Sketch的设计看起来是一场混乱的穿插，即便是餐具叉子也很难找到风格匹配的一对，这就是室内设计的混搭艺术。

文字 **Grant Gibson**
图片 **Ed Reeve**

现今一段时间，混合搭配的家具在伦敦老式别致美食酒吧已有了自己的默认位置。但是，在高档餐厅兼画廊的Sketch，获得Turner奖的艺术家Martin Creed却将折中主义概念完全融入其中。因为这里无论是桌子、椅子、玻璃杯、叉子或墙壁都没有相同的。

奇妙的是，该方案的出发点可以追溯到他去年在爱丁堡的一幅公共艺术创作品。设计师Creed在每一个Scorsman台阶上使用了不同类型的大理石。他为避免出现装饰重复，用96块不同的大理石按照曲线的构成进行铺设。在餐厅内150个位置，摆放了不同时尚风格、不同时期的特色家具，从古代到现代、从批量生产到手工制作。

作为艺术家，他可能是因为送给每位以冲刺的速度穿过泰特英国美术馆的奔跑者画作而闻名。他向英国《独立报》透露："如同人类个体各不相同，每件物品也均不相同。当事物完全一样时，酒店常常会给人以集约化、制约化的感受。而这是一个受管制的世界，就像军队里一样。这里是颇具人性的地方，不会给人一种疏离感。"

对于业主而言这也是一个大胆的举措，Sketch的馆长Victorial Brooks说道，"委托艺术家来创作，是更为有趣和冒险的尝试，你不能告诉艺术家去做什么"。因此，她认为这项工作是"室内设计项目的更极端的版本"。换言之，你怀疑这就像做狗的早餐一样的轻而易举，甚至Brooks还表示"很难理解不同材料和风格不和谐竟能相处融洽"，但是，实际上他们的表现却相当的完美。

martincreed.com

Martin Creed为Sketch设计的餐厅共有150张餐桌，这就意味着有150副不同类型的刀、叉、玻璃杯和椅子汇聚一堂，形成热情洋溢的氛围

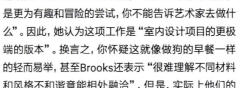

娜娜的绿茶

日本冈山市的一家茶室，给予Kami-topen Design工作室一次在室内画上群山的机会。

文字 **Masaaki Takahashi**
图片 **Keisuke Miyamoto**

"娜娜的绿茶"是一家日本茶室连锁店，它一扫人们对饮品的旧时印象，为宾客提供流行的宴飨，例如抹茶拿铁（Matcha Latte，一种由茶粉和牛奶制成的饮料）。这家茶室连锁店最近人气飙升，日本突然涌出许多零售店，该品牌甚至也已入驻中国。在日本冈山辖区的 Ario 购物中心，"娜娜的绿茶"引以为傲的是：由 Kamitopen Design 的总监 Masahiro Yoshida 带领的团队打造的内部装饰。他的灵感来自冈山市的著名后乐园和院内的茶室，这里延续着传统茶道。为了表现花园的多山环境，Yoshida 使用了大型涂漆钢的曲线元素。将地板分成各个区域，或者悬浮在天花板上，形成起伏的山脉，遮住了天空。

"这种元素结合在一起，在群山和天空之间创造出图像。"Yoshida 的当代茶道场的建筑师说道。在该茶道场，参观者可以深刻体验到反映后乐园的"舶来景观"。

kamitopen.com

在冈山市的"娜娜的绿茶"店，Kamitopen的抽象山景的特色是漆以蓝绿色、白色阶梯的钢漩涡

米其林
食品实验室

GXN建筑事务所精心设计的食品实验室，
帮助这位世界顶级大厨处于领先地位。

文字 **Cathelijne Nuijsink**
图片 **Adam Mark**

Rene Redzepi是哥本哈根Noma的世界名厨。Noma是一家米其林二星级餐馆，连续两年获得《餐厅》杂志评选的"世界最佳餐厅"称号。而每天怎样保持他无与伦比的创造水平？由GXN（3XN建筑事务所的创新单位）来帮助Redzepi完成这项任务，其解决方案就是食品实验室。该实验室反映了Redzepi对朴素和高质量的天然"作料"的钟爱。设计中使用未经处理的木材时，与明确的功能性相匹配。

"光临 Noma 的每个人都满怀期待，因此 Redzepi 需要成为一个这样的机构：始终为做到百分之百满意而准备着，"3XN 总监 Kaspper Guldager Jorgensen 这样说着，"它将每个人凝聚在一起，从侍者到管理人员，均以掌握创新性的美食方法为核心任务。它不断强调创新性的美食方法的重要性。"

所设计的四个多功能中央存储单位，作为数字制造工序的一部分，高效地将食品实验室分成厨房、员工餐厅、办公室和会议场所；同时让全体（70 名）雇员每天浏览一遍最新烹饪创新情况。"Redzepi 的烹饪法超出您预期的任何事情，Jogensen 说，他推动了我们传统上视为食物的东西的界限，改变了我们对优秀烹饪法的观点。利用食品实验室，我们努力做到这一点。"

3xn.dk

Noma食品实验室空间被有效地划分为厨房、员工餐厅、办公室和会议区

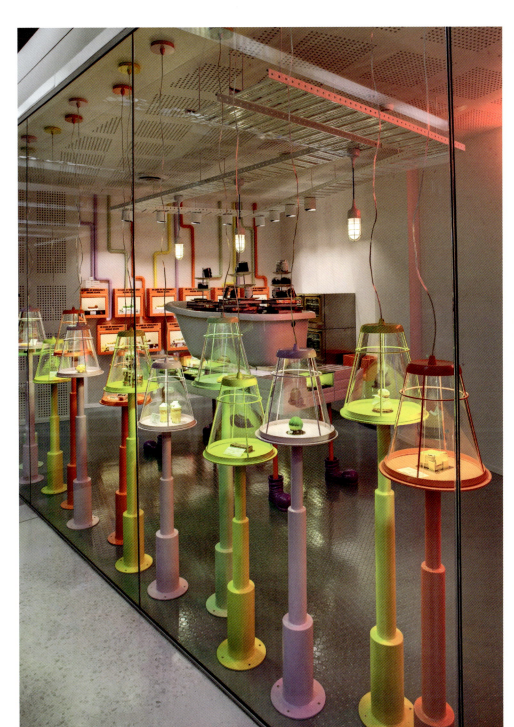

Luchetti Krelle的店面设计与Adriano Zumbo的糕点创意一脉相承：应当有趣、能够令人愉悦，但首要一点是必须"美味"

文字 **Tracey Ingram**
图片 **Murray Fredericks**

"您如何利用自己想给予客户的专业形象，来融合生动而奇特的设计？"我向 Luchetti Krelle 的 Rachel Luchetti 提问道。Luchetti Krelle 是家建筑事务所，负责设计悉尼 Adriano Zumbo 法式糕点概念店。"拥有这样的客户，我们非常幸运。品牌的专业形象生动、奇趣，"Luchetti 回答，"Adriano Zumbo 被称为澳大利亚的 Willy Wonka（电影《巧克力工厂》中的天才巧克力制作者），他是一位极具糕点创意的奇才。我们想在设计中反映出这点，灵感来自像法式糕点工厂一样的生产线和开放厨房。"

如同回转寿司一样，甜点传送带放置在空间的中央，参考捕鼠器桌面游戏，在上面打了许多洞。"这些设计强化了这种奇异而美妙的交互式零售方式的体验感，"Luchetti 说。

团队从电影界雇用布景设计师和模型制作师来定做店内陈设部件，这些部件当然要融入于 Willy Wonka 式的氛围中。Luchetti 说："这全都是当今关于体验式的概念设计，此概念从意想不到之处汲取灵感，这会逐渐成为我们业内的趋势。"

luchettikrelle.com

糖果人

Luchetti Krelle为Adriano Zumbo设计的概念店，将易趣化的"巧克力工厂"与乡愁结合在一起。

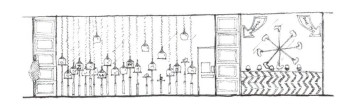

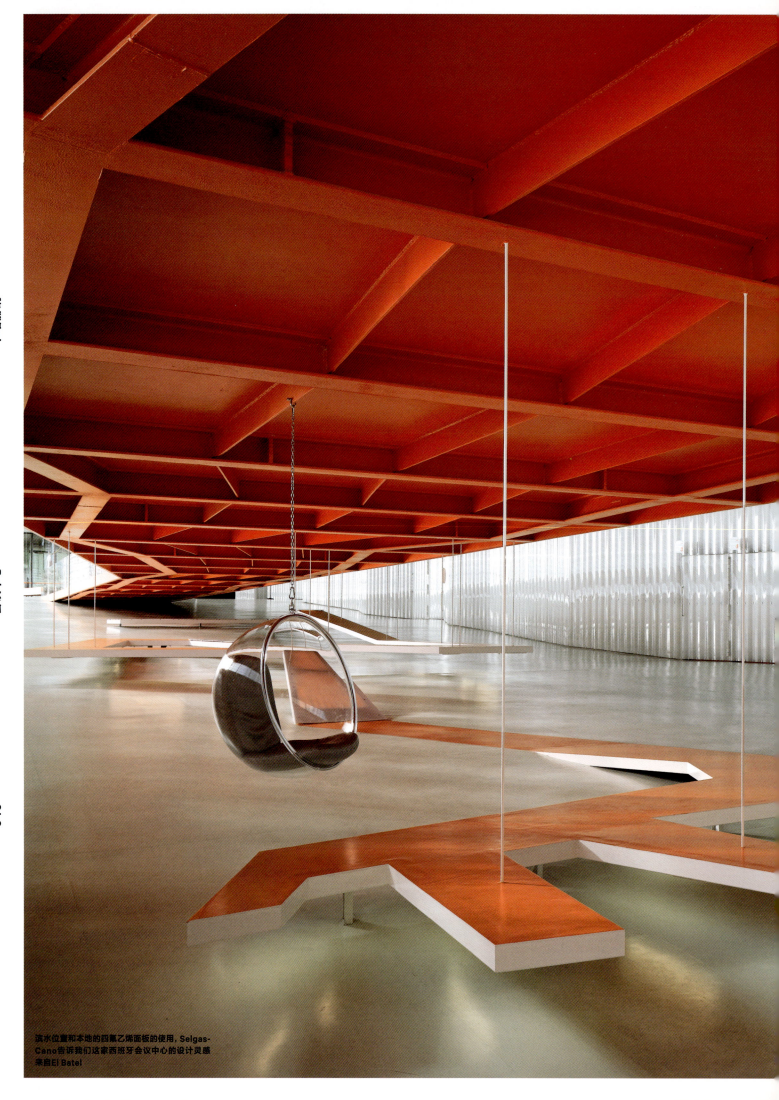

滨水位置和本地的四氟乙烯面板的使用，Selgas-Cano告诉我们这家西班牙会议中心的设计灵感来自El Batel

塑料制品带来的诗意

SelgasCano使用了有限的预算和适度的材料,表演了一场多彩多姿的"魔术"。

这座建筑物生动形象的外立面,掩盖了在水位线15米以下的建筑物

文字 **Simon king**
图片 **Roland Galbe**

位于西班牙卡塔赫纳滨水的礼堂和会议中心,是由马德里的 SelgasCano 事务所设计。它的每次转变都令人惊奇。设计师 Lucia Cano 将 El Batel 描述为"就像码头打开的箱子一样的纲领性设计"。但是,她没提到这座建筑物生动形象的外立面,掩盖了在水位线 15 米以下的建筑物。

随着内部横向延伸的一系列路径,在水平面上产生动态变化。四处使用了物美价廉的材料,将路径抬高。建筑师利用新一代聚碳酸酯塑料,配以各种颜色。同时还使用了本地的四氟乙烯面板(世界最大的四氟乙烯工厂,也是卡塔赫纳的重要雇主)。

尽管建筑物很庞大,但从未有店大欺客之势。凭借先前项目的经验,SelgasCano 使用聚碳酸酯和四氟乙烯这种质感柔性的材料,来营造空间的深度和氛围,暗指该建筑物是滨水环境营造水蓝色的地下礼堂。

这个 18000 平方米项目的成本只有 3500 万欧元,是西班牙类似规模建筑成本的一半,反映出设计与施工均经过大量的判断性思考。听闻 Selgas-Cano 在德国即将进行的类似项目的投资,预算更为慷慨,我们期待这家十人强势事务所能够开创新的篇章。

selgascano.net

延续与分割

哈西发展大厦的使用者包括哈西区新区办公室、土地分局、规划分局和城市投资公司等部门。

文字 ZNA

图片 ZNA

　　哈西发展大厦位于哈西新区中心地段，用地面积约1.8公顷，建筑面积为23109平方米。整体方案以建筑与自然紧密结合为理念，以中心广场为核心合理分布建筑功能，尽力使最多的使用者拥有开阔的视野和清新的办公环境。

　　入口大厅是多数使用者步入建筑时发现的第一个亮点，尽管材质的使用非常简洁，以缓缓下沉的弧线天花的设计为主导，而惟一一次被用在水平表面的弧线，将空间的重要性凸显出来，宏伟壮阔的感觉其实从这里就已经开始显现了。对ZNA的设计师而言，这并不代表全部，更重要的是这一弧线为随后而来的5层挑高中庭空间铺设了伏笔。

　　一层走廊中一个比较大胆的设计，是以连续自由游走于墙面与天花顶面的灯线贯穿整个走廊空间，突出了空间的连续性，并在对不同空间收放的处理上，起到了点睛的作用。这种布置方式比较适合首层的展示空间。

　　在建筑中庭的设计中，ZNA摒弃了对室内做各面装饰的思路，而是认知这个大空间的连续性和敞开性，把各个功能空间作为一个小的建筑群体来设计。所谓中庭空间，实际是在考虑这些"单体建筑"之间的空间联系以及他们相互组合的效果。围绕中庭，门厅、开放的办公空间、大会议厅、小报告厅、餐厅、室外露台等都在相互错落的关系中找到了自己

的位置，而当使用者漫步在这个空间中，也会为序列中的变化和统一的交替进行而产生惊喜。

大会议厅是室内设计中的几个亮点之一，尽管在材质和形态上，延续了木条表面肌理和线性随机灯饰的效果，但其体量及造型的处理都在室内空间中十分突出，作为整个建筑中少有的几个大"盒子"，其盒子的形式反而被弱化，设计重点被放在了界面肌理的延续和空间的分割上。

办公建筑的内部餐厅，整体设计趋向简洁统一，仅在售餐空间和天花板有特别处理，并且都以延续建筑其他部位的设计元素为主，天花板的设计再次重复了线型元素，只是在下降的灯盒上有一定改变，其局部的突出给就餐空间带来些许活跃的气氛。

体育馆的设计根据其空间和功能的需求，突出了工业厂房的特征，直接表现建筑中的结构元素，以最简单及自然的材料进行内立面的包装，照明用灯也烘托出高大厂房的空间特性。

走廊及开放式办公区域的设计重点在于与建筑其他空间的连续及呼应。走廊的灯饰设置暗示着贯穿建筑设计始终的线型图案，而开放式的办公嵌套空间感觉又重复着盒子的主题，为置身其中的人们营造一个有自我归属感的领域。靠外墙的办公区域上部以U型玻璃隔断，在暗示空间连续性的同时也增强了室外光线的穿透深度。

"该建筑是一个尖锐的物体，清晰度表达方式上几乎有些夸大，" ALA Architects 的 Juhi Gronholm 说。Juhi Gronholm 的设计将观众和观众聚集到一个虚幻的空间内

文字 Lydia Parafianowicz
图片 Hufton + Crow

木材潮流

ALA Architects 热烈欢迎所有来到克里斯蒂安桑Kilden表演艺术中心的观众。

最近，庞大的Kilden 表演艺术中心在挪威的南部海滨城市克里斯蒂安桑开业，它本身就是一个戏剧表演场所。正立面的特征是线状的铝悬垂在上方，下面是一起伏状的橡树。铝板起到天蓬以及幕布的作用，将真实世界与虚幻的室内隔离开来。这个巨大团形物中引人注目的曲线设计伸向内部，在这里变成天花板，容纳参观者的同时，彻底扩大了空间的深度。

ALA Architects的Juhi Gronholm说，"艺术和创作、观众和表演者、明亮与黑暗，这些反差是该建筑物和其功能的一部分，结构创造出高雅的公共表演空间和未经加工的功能性生产设施。所有这一切都结合在精致机器外形之内，建筑物就是仪器。"

四个区域是占地27000平方米的综合体，它开始于天然橡树门厅和门厅后面明亮的听众席。这些多彩的室内空间特征，鼓励观众发挥天马行空的想象力，并与表演者接近。东边是车间、职员办公室和"生产街"。生产街非常宽敞，卡车在上面可以运送仪器和规定的材料。

中心处有三个机构：电影院公司、管弦乐团和歌剧院公司。场内可容纳2270位宾客，他们一定会被现场的表演和引人入胜的环境所折服。

ala.fi

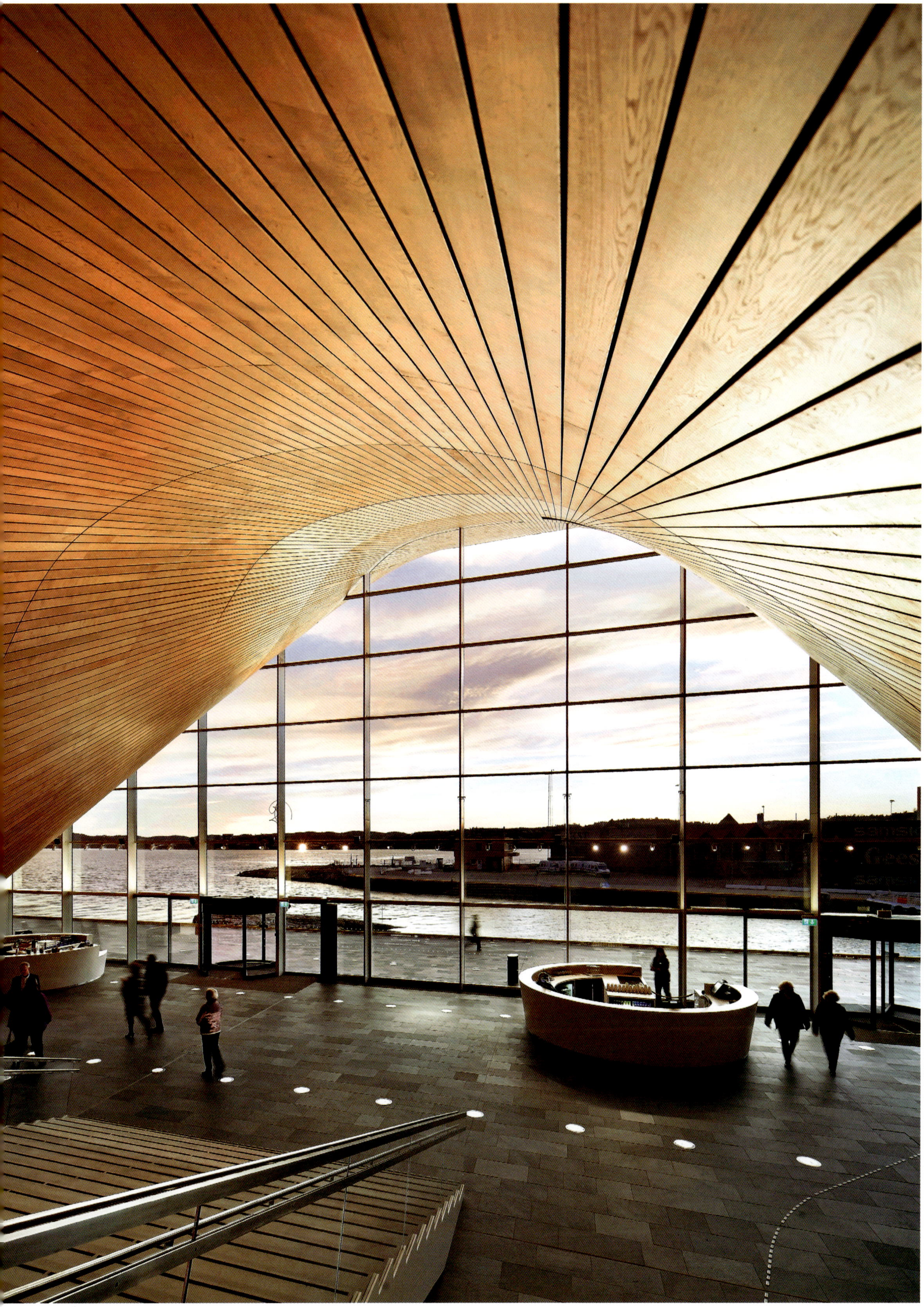

Fai-Fah Prachautis为曼谷当地社区的青少年提供以艺术为驱动的教育项目

SPARK

"轻能量"：在 Fai Fah 表演艺术中心学习的观众。

文字 **Spark**
图片 **Spark**

Fai-Fah Prachautis 项目是一个为曼谷当地社区的青少年提供以艺术教育为主要业务的空间。各类学习计划与活动均被安排在了这个 5 层的空间内，这里包罗万象：有"会客厅"、艺术工作室、图书馆、舞蹈工作室，还有一个多功能的屋顶工作室。并且每一层都有各自明确的色彩主题，有一个极具特征的中心楼梯将它们上下关联。服务、仓储和卫生间等设施则被安放在了一个单独矗立在广场的"公用设施集合器"的空间内。在原幕墙之外利用楼梯处霓虹照明组合而成的显著字样成了到达此区域的明显标识。

sparkarchitects.com

中国光学
科学技术馆

内容、空间、技术三位一体的精准实现。

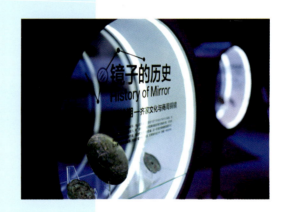

文字 尚珂展示
图片 尚珂展示

长春的中国光学科学技术馆是我国惟一的国家级光学专题科技馆，是由王大珩、丁衡高、母国光、周炳琨四位院士向温家宝总理提议，温总理亲自批示建立的大型光学科普基础设施。长春中国光学科学技术馆具有光学科技成果展示、光学知识普及教育、光学科技发展研讨及国际光学合作交流等多项功能。

馆内设置奇妙之光、千年光辉、神州光华、光的探索、光的时代、光彩世界、光的未来七个主展厅。以"观察光的现象、探索光的本质、发展光学技术、回顾光学历史、展望光学未来"为逻辑与展示动线，

通过科学性、知识性、趣味性相结合的展览内容和参与互动的形式，向观众展现绚丽的光学现象、揭示由浅入深的光学原理及广泛的光学技术应用。

光，是一种人类看得见却无法捕捉的奇妙现象，设计师通过色彩、空间、内容三位一体的表现形式，使光学庞大繁杂的理论体系能被观众快速理解和近距离接触。在色彩运用上，根据每个展厅的主题内容，运用相应的辅助色彩配合灯光效果，营造各个展示空间的特定氛围；在内容表达上，以各展厅内容的引申和象征意义来提炼元素符号，并应用到空间设

计当中，将枯燥而理性的光学知识通过更通俗易懂的方式使观众接受；在空间展现上，将展示展品的小环境与展区的大氛围融为一体，在 30000 平方米的大型展示空间内，用清晰流畅的展示动线串联丰富多变的展示空间。

设计的成功不只依靠优秀的概念设计方案，精准而专业的深化设计能力以及设计管理能力同样是方案落地实施的保障。设计师在方案伊始即遵循严格的设计标准与流程，在概念设计中不夸大设计效果，扩初设计兼顾创意和可实施性，将深化设计渗透到空间、内容、技术上的每个细节，通过设计管理进行整体控制，最大程度地确保概念设计对空间的构想，最终实现内容、技术、空间上的协调统一。

thinker-de.com

在悠远而宁静的蓝色展示空间内，人类对光的无尽追求与研究成果宛如浩瀚银河中的点点星光

现代光学技术就像一张立体的网，技术之间互相牵制、行业之间彼此交织，在光影灵动的橙色网状空间内，诠释各种现代光学的技术奥秘，解密现代光源的变革魅力

以自主研制的光学仪器为代表，展示在近代中国光学
事业发展中的各项里程碑，展现我国光学事业在神舟
大地上遍地开花、硕果累累的喜悦之情

在层层叠叠的紫色山峦空间内，以各种经典理论
及延伸应用的光学实验为代表，展示光的本质与
奥秘，象征着漫长而曲折的光学探索之路

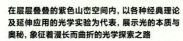

设计师将对光的理解与思考体现在每个展项上，为参
观者打造出一个五花八门、包罗万象的精彩光学世界

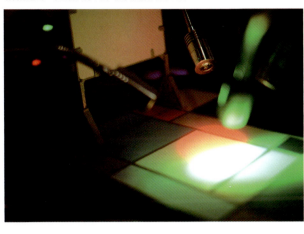

太阳、地球、人类的眼睛、构成物质的基本微粒都是圆的。圆
形，看似简单，实则千变万化，在以圆球型为设计元素的展示
空间内，从光学基础知识的角度，解析各种奇妙的光学现象

不少于500块面板，包括Heri&Salli流畅的钢结构，围绕着一座游泳池（奥地利）

茧

Heri&Salli设计的茧状建筑，将一座私人游泳池包围在内（奥地利）。

文字 **Alessandra Tixi**
图片 **Paul Ott Photografiert**

二位建筑师将该项目描述为"一个始于概念、止于细节的故事"。这些细节包括暴露在外的内嵌式家具、几何学上与主建筑相关的修养场所。

heriundsalli.com

Heri&Salli年轻的建筑师Heribert Wolfmayr和Josef Saller，在为奥地利一家私人住宅设计游泳池围栏时，考虑到了物理边界的特质。他们仔细考虑了围栏的功能，尤其是与围栏的保护质量和空间界限相关的功能。

这个二人组合的设计团队将该花园想象成一只茧，能够提供一定程度的安全感。他们将二维格子的围栏理念转变为三维的遮盖物。最终建筑物满足了客户的设计要求，这种设计不仅提供了私密性，而且还尽量利用房地产的湖畔位置和相应的风景。

矩阵排列

位于纽约的巴尼百货商店的两个月橱窗展示，对于高端百货
商店而言，戏剧性地展现了不同主题。

文字 Ines Reves
图片 Tom Sibley

在Yves Saint Laurent高跟鞋的排列上方，是多
层金色的中国招财猫，它们向行人致意

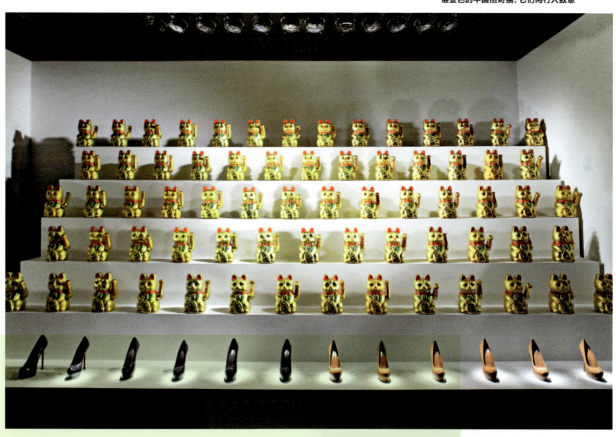

巴尼百货纽约创意团队对于商店的三月份橱窗的概念，以与重复性之迷人
效果相匹配的简单机械运动影响为基础，表达了展示高档鞋和包中蕴含的
主题

Prada鞋展，与之相对的背景是数字闹铃，这可以吸
引参观者的注意力

展示Proenza Schouler手包的橱窗，其特色
是成排的电唱机

双视窗展，描绘了铬砖冲向时尚服饰的冲击波，
有Alber Elbaz构思

巴尼百货商店为艺术总监Alber Elbaz创作的Lanvin举行十
周年纪念，在一系列超现实主义橱窗内，展现这位设计师的
诸多形象作品。这些橱窗的设计概念是巴尼百货商店创意总
监Dennis Freedman与Elbaz本人的脑力劳动产物，二人从
对失真和反射分析结果中得出理念

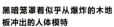

黑暗笼罩着似乎从爆炸的木地
板冲出的人体模特

橱窗使用了Alber Elbaz的超大型镀铬复制品，站
立在飞行中迷乱的女人之间，这些女人都穿着他
设计的服装，灵感来自游乐场内的镜子屋

从露天剧场到商场

Matt Gibson将"中东到墨尔本"带到了Oscar & Wild 的室内。

Oscar & Wild在墨尔本的最新商场使用了 阿拉伯主题,例如屏幕和拱桥

文字 **Penny Craswell**
图片 **Shannon McGrath**

建筑师Matt Gibson在为墨尔本时尚标签Oscar & Wild设计商场时,他的概念基础是业主Paloma Hatami的波斯背景及她销售的服装——从异国地区,例如伊朗、迪拜和摩洛哥等地收集而来的服装。Gison的灵感来自中东露天市场(露天集贸市场)内建造的重叠拱门及传统Mashrabiya屏幕的几何图案,为该精品店建造了内壳。

他让他人制造了一系列面板,安装在距离墙有一段距离的地方。三座艺术角度而言,非对称的拱桥涂以金色,将参观者进一步吸引到零售区域内,墙壁上的椭圆形图案参考了Mashrabiya网格。Gibson解释道,进出这些孔的光线,是一场"在刺目的中东阳光下,在露天市场内体验斑点光效果"的表演。尽管包含拱桥、屏幕和金黄色表面的设计听起来很强悍,但结果更为低调,而不是华而不实。室内引人注目,但该商场的所有自豪感,均明白无误地定位为展览中的时尚服装和饰物。

mattgibson.com.au

白昼之光

MVSA将在马斯特里赫特的一座保护建筑的内部，将Shoebaloo改造成令人赞叹不已的展厅。

文字 **Tracey Ingram**
图片 **Jeroen Musch**

荷兰马斯特里赫特市向下延伸的 Stokstraat 街道，是一个"历史遗迹"。街道两旁是受保护的建筑物，使得激烈的设计干预很困难。当 Meyer en Van Schooten Architecten（MVSA）被要求为高端鞋包零售商 Shoebaloo 的另一家商场提出概念时，它说服了市政工程委员会，它的空间设计不会影响建筑物的结构，因为"当前室内不会附有任何展览品"。MVSA 的 Roberto Meyer 说。

团队很大程度上也未动正立面，仅把精力投放在吸引行人的展示窗的设计上。如同万花筒的小孔，椭圆形剪画向商场内提供了隐蔽的景象，展现一列令人惊奇的反光面。Meyer 说："从外面您几乎什么也看不到，您需要进入商店来感受内部空间。"虽然在让这家 46 平方米的商店显得更大些时，发光面和微光起到重要作用，但它们也提供了夜总会般的氛围。

尽管 Meyer 指出，黑暗的室内是突出商品的理想策略，但他将夜总会的相似之处称作"巧合"。"我们想在某一天也设计一个，"他补充道，"但是，我们认为俱乐部的设计实际上变得更为粗糙，不够华丽和闪耀。"如果这家商场可以作为对照，则夜晚的浮华与魅力也会很好地延续下去，让人们看到白昼之光。

mvsa.nl

抛光铝和哑光皮面的相间层, 在展示Shoebaloo
的独家精品时, 产生一种万花筒似的景观

艺术与鞋底

在纽约市的SoHo区，一家鞋店兼美术馆反映了一群巴西创意人的才华。

文字 Ines Reves
图片 由Moema Wertheimer Arquiterura友情提供

纽约市最近迎来了Galeria Meilissa，它是在巴西以外开张的首家鞋品牌旗舰店。该商场将产品展示和艺术馆结合在一起，Melissa在圣保罗的旗舰店已证实整体效果很成功。这种意外的搭配，赋予商店生机勃勃之感，这与巴西鞋类品牌的有趣塑料鞋相匹配。SoHo项目开发，是由Edson Natsuo和Domingos Pascali与Moema Wertheimer Arquitetura和Eight Inc.合作完成的。

相比较圣保罗旗舰店不同的是，与街道的互动对于零售店设计至关重要，纽约的Galeria Meliss的外观实际上保持原封不同。建筑物的历史价值，通过限制会影响建筑物临街地界的行为，从而得到了保护。因此，外部稍微展示了内部的情况，参考了SoHo的街道网络的道路，沿着自己的方向，穿过天花板、墙壁和地板，与当地环境产生了一种联系。

狭窄的室内空间，是以建筑师们的"近乎纯白"概念为基础的。该空间就是一块空白画布，等待由鞋子和艺术品填补它。像岩层一样的白墙，赋予空间一种穴状氛围，同时作为彩色交互式光投射的背景。商场占地两层楼，一层和地下室。地下室在优雅的螺旋梯底部。

mw.arq.br

为庆祝纽约市Galeria Melissa的开张，Edson Matsuo, Domingos Pascali 和 Moema Wertheimer 创造了像山洞一样的空间，来展示鞋子和艺术品

Kenelephant的办公室经过翻新的结果是，出现了杂乱无章的彩虹颜色的小屋。小屋是由成片的回收织物覆盖的夹板建造的

PRODUCE by NEWSED PROJECT

【株式会社ケンエレファントのプロフィール】

【ikmo のプロフィール】

请大家来到工作室用布板装饰"小镇"的邀请函

碎片中的欢乐

作为一家营销公司，Ikmo将一间深灰色的办公室拼接成了一个充满乐趣的"小镇"。

文字 Jane Szita
图片 Masao Nishikawa

Kenelephant是东京一家销售推广公司，它引以为傲的是自己的创造性思维能力。但Kenelephant灰色调而又中规中矩的办公空间设计很难体现其创意能力，因此Kenelephant团队召集Yuko Higo领导的设计咨询公司IKmo，来改进他们的工作空间。凭借33000美元紧张的预算金额和不可改变的时间表，Higo解释道，"设计师们别无选择，只有进行一次重大干预"。她确定，"这一定是插入到无聊的办公室室内的有效和好玩的装置"。

设计中要求形成开放和封闭区域之间的多样化和反差，从而激起创造性的"遭遇战"，最终必须体现出公司的精神和产品。

Higo和她的同事们为他们称之为"Kenelephant小镇"的新办公室，提出了一个概念。这单独的办公室空间内安置十张小展台，每个展台用于不同的团队或职能部门。不同高度的墙壁用以开拓这些空间，并形成在这些空间之间流动的通道和广场网络，即实际用于鼓励团队成员之间互相沟通的中间区域。为了让新墙壁与单色办公室自身形成对比，将在新墙壁上覆盖回收材料制成的面板。但是，面对工作空间的内部表面依旧保持朴实无华的风格，这样有助于工作人员集中精力。

在这里，设计师使用回收材料进行设计。Kenelephant在初期阶段就已经发展成为独立的非营利基金会，制作使用材料是Rikki Sato、Mute和Minna之类的"废料"。Kenelephant镇的特征是各式各样的二手物品，从旧安全带和安全气囊到窗帘样品，然后将它们裁成统一宽度的细条进行拼装。不仅可以回收纤维织物，也可以在当地取材。"所有废料全部来自日本，"Higo说，"实际上，几乎所有材料都 ...

new exhibition

博物馆、艺术馆、展览馆

design

展览和陈列设计

本书收录了120多个项目，展示并记载了大量博物馆、艺术馆等展览项目的设计理念和设计方法，同时在科技性创新和社会性创新方面做了重点介绍。

现已上市

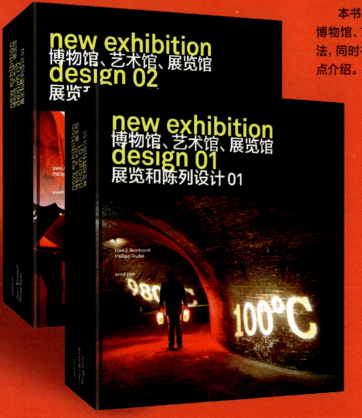

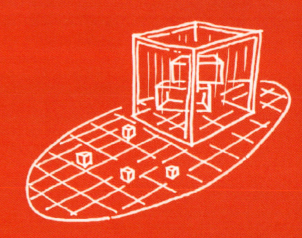

1 "Kenelephant小镇"的平面图及其封闭和开放空间

2 为了建造这座拼布办公室,要首先在轻型钢结构上使用夹板和石膏板,让墙壁系统就位

3 废料平行切割成10厘米长的条状,然后由东京附近千叶县职业中心的残疾人对它们抛光(如有必要,则清洗、缝纫和按压)

4 抛光后的小隔间,外部墙壁已经准备好接受拼布抛光(室内墙壁覆盖着色彩明亮的纸张)

5 在材料装备阶段,指导志愿者按7厘米的间隔画好基准线,沿着这些线粘贴双面带条

6 材料选自回收物料(提前选择,每个货摊使用不同的颜色主题),在地板上进行临时布局,以检查颜色平衡

7 根据材料,使用各种方法,包括双面带条和订书钉,将补丁固定到墙壁上

8 最后,参与者站在"她们的"墙壁旁拍照

... 是来自东京或东京附近,除了牛仔布颜色板来自广岛市,屋顶帆布来自大阪。"

由东京外职业中心(已经参与过 Newsed 项目)的残疾人将碎布裁剪成一定尺寸。为了收集这些用于"小镇"外表面的碎片,设计师招募了一队志愿者,包括建筑室内设计的学生,还有 Kenelephant 的 CEO,并给他们详细的说明。"我处理这个项目时将其视为挑战,以扩大回收材料的设计可能性,"Hiho 说,"我认为方法上不能像设计中常用的方法,尽管常用方法有极大的潜力。回收材料和手工制品,会产生一种令人兴奋、好玩、令人愉快的、友好的卡哇伊(可爱的)氛围。"

总之,Yuko Higo 报告在此案例中,所制成的织纹彩虹表面使所有参与者都感到开心;Kenelephant 甚至相信这种室内效果会帮助公司获得新业务。她补充道,"如果我们改变现有地板、天花板和照明,效果会更好……"

5b.biglobe.ne.jp/~ikmo/

佛与食

上海德餐厅是一家充满中国风情的韩式休闲吧，中韩文化的碰撞显然具有丰富的话题性。

文字 叶玮
图片 丽贝亚设计

金哲秀作为丽贝亚国际项目中心的总经理，一直专注于酒店类、高端餐饮类以及商业空间类项目，上海德餐厅就是其中之一。这座位于上海市长宁区古北路连廊建筑是一家充满中国风情的韩式休闲吧，中韩文化碰撞显然具有丰富的话题性。

上海德餐厅这个项目是如何开始的？

金哲秀：我们在一个雨天的傍晚到达位于上海的现场，天已经黑了。我看到这是在古北路上两座公寓楼之间的连廊建筑，给它做设计的冲动油然而生。我们通过一部观光电梯上了三层，进入到一个长方形的空间内，两侧的斜拉钢架勾勒出建筑的结构，外侧有通透的玻璃窗，站在建筑中央就能看到古北路夜晚车水马龙的夜光在脚下穿行而过。

当晚我住在了业主的家里，他们当时还没有孩子，然而我见到了几位特殊的家庭成员：一只金毛，一只美卡，一只吉美，两只泰迪犬，还有一只泰国猫。坐楼上的茶室里我们聊到很晚，聊天过程中我能看到他们与宠物不时亲热交流的画面。当时我在北京也养了一只狗，但是没有想到我们能与动物有如此亲近的接触，就像家人一样。由此，我能感受到业主是一位非常感性的女性，我们的话题可以展开的非常深，可以海阔天空，可以设想任何可能设想的一切想法和方向。起初她对这个空间只是一个希望，她曾从事大韩航空乘务员，同时有过法国、美国等国际航线的经历，其中有一些和我的经历重合的地方，比如法国的协和广场附近有一个菩提吧，她也非常喜欢那里的音乐，还有拉斯维加斯的一个叫"道"的酒吧，这些相同的审美及爱好使我们很快就达成了项目的方向。

这个餐厅的名字为什么叫德？她的来源不是空洞的，她一开始所起的韩文发音是"DAOL"，据说是韩文的古文，意思是"能聚合很多好元素的中心"，我想从这个角度出发，在中文里寻找一些既是音译又能恰当表达相同或者接近这样含义的名字。在一段时间内我找了很多个名字，突然我想到"德"这个字也许是最适合的名字。我的解释是，首先人们想得到的一定是好元素和好结果，这和业主的表达是一致的；其次"de"本身也有好几个字，得到的得、道德的德，而这两个字之间也有哲理性关联，想要得到首先要具备好的品德和道德。经过业主的认同，这个名字诞生了。

那么为什么会有"佛"的元素？有了"德"这个字，怎么去表达"德"的含义。当谈到之前提到的我们拥有同样经历，喜欢的国外场所都以佛为主题，她大胆地提出了"佛"的概念。我当然有挑战的欲

LBY 丽贝亚设计
LIBEIYA DESIGN

北京丽贝亚建筑装饰工程有限公司设计研究院(LBY DESIGN)建立于1997年，具有建筑装饰设计甲级资质。是一个以室内设计、陈设配饰设计以及园林景观设计为核心能力，为客户提供从项目科研、商业策划、规划设计、建筑设计到室内设计、景观设计、陈设设计、驻场监理等全程服务的大型综合设计机构。并针对酒店会所、餐饮娱乐、商业综合体、办公会展、教育医疗、文博展示、住宅地产、园林景观等不同专业设立专业细分团队。

丽贝亚设计是一支国际化多元化的设计团队，目前在籍专业设计人员400人，其中全国资深室内建筑师和全国杰出中青年室内建筑师30余人，著名高校教授3名，外籍总监多人。并以战略合作的方式与加拿大、美国、荷兰、台湾、香港等国际著名设计公司及设计大师联合成立了丽贝亚设计国际创意中心，面向高端设计市场并致力于国际设计导向趋势的研究。此外丽贝亚设计还通过整合上下游重要的设计资源、产品资源、客户资源组建 LBY 城市设计产业联盟，稳定合作，面向未来共同研发、共同发展。

望，一拍即合在空间里放置佛的方案确定了！所以我们的初衷并不是因为宗教，而是想打造具有东方元素的国际化经营场所，我们认为东方风格应该有佛教思想，但又不想做很纯正或很正式的与佛教有关的场所，我们想做拥有国际视野的一个时尚的餐饮BAR。我们多次去古玩市场找过各种尺寸的木佛，还看到了各种其他的材料质地，我和业主都很喜欢。但最终还是希望以创新的方式来打造佛的概念，因此我们使用了光，这样的表现形式更容易被人接受，也能贯穿餐厅、酒吧的主题。佛用光来表现，而平时玄乎其玄的佛光我反而用钢筋焊接的实体来形成，我认为这种设计手法既有地缘文化又有国际元素，是当时比较恰当的一种方式。

"佛用光来表现，看不见的佛光反而用钢筋焊接的实体来形成。"

委托人的需求是什么？

业主曾经有过很多国际旅行的经历，而现在因为她先生的事业，她来到了上海，很快她喜欢上了上海，想在上海做一些自己的事业。很偶然的，她遇上了这样一个空间，她非常希望把它做成像她以前到过的国际城市里见到的具有地方文化、国际的、时尚的经营场所。这是当时她的一个梦想。

谈谈德餐厅的设计理念。

谈到设计理念，我认为整个项目并不是用理念来做设计，而是顺着环境因素和跟业主多次互相交流之后对她的了解，自然地形成了整个设计的过程。最初没有太强的设定，就是想要尊重环境本身的价值。我认为空间中最重要的因素就是，两边通透的廊桥建筑的玻璃幕墙，客人可以透过玻璃欣赏到夜间在古北路车辆穿行的光线和景色。因此，我们设计的时候都以放置的形式来体现，不想让设计把 ...

上海德餐厅

地点 上海市长宁区古北路黄金城道780弄
面积 2400㎡
完成时间 2006年05月

"客人可以透过廊桥两边通透的玻璃幕墙欣赏在古北路车辆穿行的夜景。"

... 原有的空间和原有所处的环境价值给吞没。里面所有的形成都围绕着这个主题,尽量要尊重环境本身的价值,包括天窗的利用。

与其他餐饮空间的不同之处在哪儿?

每个餐厅都不同,就像人一样,从内心、性格,从各种角度,他们的区别是很大的。只有德餐厅才能在这个位置,在这个空间存在。因为它独特的地理位置,独特的结构,它的主人独特的经历过程。所以,个人认为它不得不是一个唯一的结果。

是否使用了特殊的材料或独特的设计手法?

德餐厅有很多材料是定制的。比如整个大厅的地面使用的是一种叫"热板"的钢板,"热板"是一种黑里带青色纹理的钢板,它有一定的韧性,不像石材和地砖很容易用水泥或胶水粘住。钢板很难铺装,因此我找了很多方法,做了很多试验,最后,我找到了可以让它附着在地面的一种工艺,这是一个很艰难的过程。另外,钢板本身见水会生锈氧化,为了让它保持它本身漂亮的颜色和质感,我又反复进行试验,用了很多工业材料来复合,让它最后既能保持钢板本身特别的色彩,又能让它不被氧化生成锈斑。另一个很特别的材料运用的是3.2米高,2.7米宽,3厘米厚的3层有机玻璃形成的佛像。它的制作过程中涉及板材的尺寸问题,因为正常板材的尺寸是1.5米×3米,而我们佛像的大小远远超出它的尺寸,而且内地也没有这么大机型的激光雕刻机可以雕刻这种材料。后来我们选择了台湾的一家厂商来制作,他也使用几块材料进行拼接,但所有的拼接天衣无缝,非常漂亮。佛像图形本身的设计是我用手绘来完成,然后转成CAD格式,佛像的两只手则是我看着自己的手画的,我现在还常常跟朋...

"我们找了一辆臂长五十多米的重型吊车，通过天窗将大尺寸泰柚木的桌板搬运进来。"

上海

餐厅

...友谈论这件事。第三个材料就是我们中国传统的窗花，使用自然的石材，并用水泥浇筑成自然的形状，想要表达一种东方文化元素。包括3米多长的水泥浇筑的桌面也都是第一次的尝试，结果大家都觉得还不错。我还设计了每一件家具，并委托在上海的一家台湾家具制造商来制造。

设计过程中克服了哪些困难？

首先不想使用成型的产品和材料，不想使用市场上能买到的产品，包括荷叶状的洗手盆、莲藕状的水龙头，最终选取了有些产品其中的感应器来重新设计组合，以定制和手工制作的方式来完成很多产品。包括洗手间也是，墙面很大胆地运用真皮进行包裹，地面采用非常高级的地板铺装。最大的困难就是搬运两张3米多高的大尺寸泰柚木的桌板和佛像，无法通过楼梯间和电梯，结果找了一辆臂长五十多米的重型吊车，打开建筑的天窗玻璃，通过天窗放进

两张大尺寸泰柚木的桌板

荷叶状的洗手盆、莲藕状的水龙头

建筑里面。这是一个惊心动魄的过程，克服了很多危险和困难。这当然也是个人设计生涯中很难忘的一段经历。

德餐厅充满中国风情和佛教文化，又融合韩式饮食文化，多文化的碰撞是否有冲突？在德餐厅空间内，文化呈现有没有主次呢？

当时我们没有往这个方面去想，中国可以代表东方文化，她的形成也是周边各国各民族互相影响、互相共融的过程。所以德餐厅的中国符号和中国元素，佛文化和佛题材，都是东方文化。从国际的视角去看空间，把东方用国际的方式呈现出来，这是我的希望，所以它不存在主次。

德餐厅完工后符合设计师设计之初的预期么？

刚开始并没有具体的预期，我希望能呈现出令我本人也意想不到的、让我激动也让业主激动的、让

大家都能产生共鸣的结果，事实证明，结果还可以。

我们都知道宗教具有一定的排斥性，那么从营业反馈来看，德餐厅的宗教性质限制了客流量吗？这在委托人和设计师当初的预计之中吗？

德餐厅深受上海外籍人士的喜爱，开业当天就餐的外籍人士高达80%，当然这也离不开一定的宣传。后来我也去过几次德餐厅，都是这样的情况。业主和我本身，当初并没有把宗教摆在第一位，宗教只是一种好的寓意和主题，而我们通过一些手法使它成为一种时尚元素。德餐厅的宗教成分并不真实地存在于空间中，我相信将来德餐厅一直被认为是时尚符号的代表。

bjlby.com.cn

由金哲劳设计、台湾家具生产商特别
制作的家具

惊喜
缔造者

他懂得如何在规则中突破传统，他善于沟通和发现，敏锐且坚持，拒绝碌碌无为，在他看来挑战是一种本性，冒险是一种享受，他就是鲁小川。

文字 **李素梅**
图片 **丽贝亚设计**

070

超市

总统包间

万达大歌星KTV大连旗舰店

地点 大连高新区万达广场
面积 3000m²
完成时间 2013年05月

大歌星VIP走廊

"商业价值与艺术美学
的完美平衡。"

你与丽贝亚的合作是什么时候开始的？您对"SIX"有特殊情感吗？

鲁小川：2009年。从最初来到丽贝亚成立第六工作室，再发展到第六设计所，一直到现在的第六设计院，"SIX"一路跟随着我，伴随团队的成长。而恰好我的名字也是由六道笔画组成，这是一种奇妙的缘分。

大连大歌星是你与万达集团的继续合作，这次的大歌星KTV设计与以往的大歌星设计是一脉相承的吗？大连大歌星的不同之处在于哪里？

继承中有创新。大连大歌星的不同也要看跟什么去对比，如果和上海店相比，这次我们把LOGO的形象更为放大化，插画师绘制了四种不同的主题插画，利用最单纯的艺术和绘画更为直观的凸显这个品牌的阳光活力，让消费者对大歌星这个娱乐品牌既熟悉又陌生，好像与之前的大歌星很统一，但其实它又是新的，我认为好的娱乐品牌就是要适当给予消费者这种新鲜感。

如果和其他娱乐类型的KTV比较，这个项目是以最简洁最明快、最时尚、最健康的概念去定位。最大的不同就是我们在做的一直是符合整个万达集团形象的KTV项目。

这次的KTV设计大量的运用色彩和灯光的结合，色彩效果非常明显。你讲述一下这次的设计灵感以及设计过程？

设计灵感来源于对生活的一种观察。我非常愿意和消费者进行沟通，观察消费者的行为。通过观察

我们发现在KTV里面空间导向很重要，所以才去寻找一种最简单，最直接的方法去解决这个问题，运用色彩，把导视、空间、方向感完全结合在一起。灵感不是突然间就会来的，设计的过程就是我们在观察生活，然后去寻找一些问题，再去解决这些问题，最后以一种适合的形式出现。

大歌星KTV的位置位于大连高新区万达广场，是大连目前在建规模最大的城市综合体，你在设计过程中是否考虑到与整个城市综合体的联系？请具体描述之间的联结点。

在接到这个项目时，我们首先就会去理解万达在这个城市的历史意义，这种商圈在中国的价值，还要考虑万达商圈在这个城市这个地点的定位，这个定位涉及大歌星的整体营销定位。面对这个最直接的市场是本土化的东西，首先要满足这个商圈、满足这个品牌、满足整个万达的品牌形象。大连人是爱美的，人也漂亮，即时尚又大胆，所以我们用这种大胆的、大块的色彩去做设计。

我们在设计中寻求的是一种规格的认同，而不是形式上的统一。在这样的综合体中出现的 ...

大歌星KTV手绘效果图

... 一定是最新的KTV形象，是全国26家店的新标杆，这就是连接点。我们能参与这样的项目也非常幸运。

能进一步阐述一下"商业价值与美学价值的完美平衡"吗？这次的设计是否达到这个标准？

举个例子，李安是我很欣赏的导演，他的成功不仅仅是商业上的，同时还保留着一份珍贵的艺术情怀，这就是我认为的完美平衡。设计中我们也追求这种平衡，首先我们自己就是搞艺术的，我们自己很喜欢。第二我们的业主很认可打版的这套设计

"改变是一种趋势。"

方案，第三在行业内我们也获得了一些重量奖项的认可。最后通过对消费者实际调查，他们都很喜欢在这里唱歌，这四个方面紧密结合，就是商业价值与美学价值的完美平衡。

你为什么会认为室内设计从事产品设计会成为一种趋势？你从事产品设计是否为你带来一些益处？

我们可以这么理解产品设计。产品的诞生是因为人们生活方式的需求有改变，才会出现新的产品。人的审美和需求在改变，所以我们要打造新的娱乐产品，也是因为目前我们消费者的价值观和生活方式改变了，所以我们在改变原来的产品。这是一种趋势，只是我们走的快了一点点。产品是有商业价值的，是有形象感的，是有品牌效应的，有了这些才会让消费者记得住。我们现在所做的设计，都是从产品出发去考虑，只是大产品和小产品。从传统意义上的桌椅，再到玻璃涂料，都是重新定位，去做设计。

益处就是我们的合作伙伴，在产生新的形象和价值之后会更愿意与我们合作。我们设计团队更需要的是一种合作，市场也是需要我们

设计师去做一些事情，去衍生更多的新产品。

我了解到，你在工作中非常注重团队间沟通与协作，说说你带领团队完成设计的经验和感想，以及你对团队的期望？

首先要让团队的每个人知道，设计是需要一遍一遍修正的，是推敲出来的。要让团队的人去热爱这个行业，喜欢自己的工作，要在团队中建立一个非常好的价值观。甚至可以往大了说，为这个行业来做一些贡献，为国家来做一些事情，我们在为老百姓做一种新的视觉体验。从团队来讲，也是希望团队有创造力，更灵活，可以沟通，互相信任。每个人能找到自己的位置，在一个适合他自己的位置做喜欢的事，这一定是快乐的。

你在设计中，喜欢用手绘来做方案，为什么？说说这次大歌星的手绘设计。

手绘是一个必需品。作为一个设计师，第一个条件就是需要有手头的功夫。并且手绘有一种偶然性和研究性，时常会迸发出一种不经意的惊喜，这种惊喜往往可以打动更多的人，这就是手绘设计的最大魅力。

手绘从这个项目很多地方都能体现出来，从LOGO的形象化，再到家具壁画都是手勾画出来的，

"手绘时常会带来不经意的惊喜。"

在勾画的过程中衍生了很多新的产品,这也是这次项目的不同之处。

除了室内设计和产品设计之外,你的插画作品也非常受欢迎,西游系列和三国系列插画广受好评。广泛的兴趣爱好对你的设计有什么帮助?

对我来说画画其实是思考的一个过程,也是自我的一种思维训练。西游记是大家耳熟能详的,而在这样一种大家非常熟悉的事物里去尝试一种新的理解,对我来说是一种挑战,而我喜欢挑战。广泛的兴趣就是一种跨界的艺术,有助我站在不同的角度去思考问题。

为什么会想到创作《设计帮》?讲述了怎样的故事?

经历了人生不同的阶段,我对设计也有了新的感悟和认知,现在没有很多机会站在讲台上与学生们分享我的经验,所以我想用一本书来告诉大家我对设计的理解。如果我能给人帮助,别人也同时需要我的话,这是很快乐的一件事。期望更多的帮助别人,共同成长,像我一样快乐的设计,这就是我写这本书的初衷。■

PICTURE 1

PICTURE 2

PICTURE 3

图片 Miguel de Guzman

076

第五大道繁荣景象

优衣库、Zara和Hollister进驻纽约市第五大道

+

图片 Miguel de Guzm

122

楼宇和谐融洽
乐声在地图上奏响

这座临时音乐学院就像是城市的缩影

Features

专案

城市智慧

图片 Bora Subakan

156

伊斯坦布尔的机会

说说土耳其，从购物到夜生活，到清真
寺，再到哈曼

纽约最炫购物街上中端市场最新出现的三大巨头，呈现了瞬息万变的零售世界。

文字 **John Ryan**

从1862年以来，当时Caroline Schermerhorn Astor 抵达第34大街街角，即曼哈顿第五大街长长的街道，是全球富人们购买最奢华商品的场所。路易威登、普拉达和蒂凡尼，这些全球最奢华时尚品牌都在这里抛头露面，街道的名称与银行存款余额大幅减少同义。

但是，如今情况有所变化。今年三月Zara旗舰店开业，呈现了一种新的消费趋势。这种趋势，优衣库于2011年末在第五大道开了一家大商场之时就已很明显，之前是2010年11月份加利福尼亚冲浪品牌Hollister的出现。

事物正常发展期间，这种特别三巨头的来临会无人评论，因为这种三巨头可以在全球任何一座城镇见到。但是，值得注意的事实是，他们选择在很短的时间间隔内在第五大道开业，这绝非巧合。这标志着

迄今为止街道的民主化进程，为高档零售商提供了保护。

他们占据这么大的空间，表示了这些中端和价值市场运营商的决心，凭借他们的能力在新舞台上大展拳脚。根据Cushman & Wakefield提供的资料，去年九月份第五大道的零售租金平均为16704美元/平方米，使得这里成为全球建立商场最昂贵的地方。据报道，优衣库支付了666号的15年租金，总额为3亿美元。如果您销售高价物品，这个租金还是不错的。但是，对于以销售受价格引导甚或中等价位商品闻名的商场而言，如果按这种方式支付租金，它们就必须提高销售量。商场越大，这种要求的紧迫感就越大。

然而，我们发现Zara和优衣库已经给她们的新商场贴上了"全球旗舰店"，这没什么可惊讶的。谈

到描述时尚店，在某种意义上实际是军备竞赛。即使单店零售商也有可能称其商场为"旗舰店"，一个连锁店有多个旗舰店的现象已成惯例。那么还有一种情况，如今一时被称为"旗舰店"的出色商场，常要求获得"全球旗舰店"称号。

有趣的是三家零售商的行事方式：全都选择在第五大道的边远位置斥资，来打造与别处可以看到的迥然相异的事物。结果就是，出现了具有广泛吸引力的商场，他们提供了高端定价的可选择性，这种定价易于使该区域特征化。

但是，真正的问题是，由于在这些新商场投入大量精力和财力，令这些商场经得起考验，即使与奢侈供应商相竞争时也是如此。

实际上，可能由于需求比较突出，这些商场有许多方面将它们与高消费人群隔离。对于Hollister

第五大道

繁荣景象

和优衣库的数字特征而言，在某种程度上就会卓尔不群。

然而问题依旧存在：为何一家中端或以价格为导向的零售商会选择在世界上最昂贵的的购物街开张？答案可能是因为广告效果。因为在第五大道，Zara、Hollister和优衣库能够提升它们的企业形

象，同时销售出一些T恤、卫衣等。

但为何购物者频繁去商场？去看那些他们在自家后院就能见到的精品呢？Zara对此有自己的答案。在Zara于3月15日开张之时，它在岛上的其他七家商场供应各种售价的商品，但是Zara的全球旗舰店也以精简男装系列为特色，这些男装专供其第五大道店，这就是购物者光顾该分店而不去其他店的原因。

全球旗舰店倾向于成为中端市场的现象，可能因为奢侈品零售商将每一家新店的开张视为一次事件。全球中端市场超市的出现——从东京的银座到巴黎的歌剧院广场均表现了这种方式。通过这种方式，零售范围的这一部分遵循着奢侈品零售商的踪迹。

长期以来，市场顶端是否能看到销售量遭到不断经过日益修正的商场业绩的破坏？这是一个很有吸引力的问题，通常，这些商场要求顾客经过若干步骤走入市场经济范畴。证明这种情况为事情的诸如此类内容，世界最大的城市豪华街道在改变，第五大道上的商场三巨头用行动证明这点。在未来的任何时间里，在奢侈品商场购物的优良标志被中端市场所取代，这种情况依旧不可能，但是顶端市场几乎无条件轻视所发生的一切。

"这全都是广告牌效应"！

Zara

由Elsa Urquijo Architects设计
纽约第五大街689号

与Hollister商场相连的这家三层楼，占地3000平方米的Zara，是迄今为止该西班牙零售商在美国的最大商场。由Elsa Urquijo Architects设计该商场于三月中旬开业，吸引了沿着过道打算模仿猫步的购物者，过道经过一系列具有现代感的半独立空间或"立方体"点缀，同时允许有存货。该商场的前身是NBA（全美篮球协会）商店，通常被视为曼哈顿这片区域吸引力较低的销售商之一。如今，商场外部井然有序的线条，已在内部有所反映。新商场还担任生态名片的职责，设计上使用的能源及用水，相比连锁店一家标准销售点分别低30%和70%。

但是，关于室内的低调魅力，需要指出来的是，它同第五大道任何地方可见的"白盒子"类似，不同点就是白盒子中商品更便宜。

elsaurquijo.com

"它让我想起消费者购买的迪奥。"

漂亮、低调的"白盒子"模式，是Zara入驻第五大道的关键

这种方法有效吗？

Leedert Tange: 这家Zara店看起来极其出色，尤其是在空无一人时。它让我想起消费者购买的迪奥，Zara店铺的设计恰到好处。鲜明的线条、优秀的照明、美丽的天花板和模特身上的军用仿制品。Zara的目标是一大群顾客，显然该商场看来已经准备就绪。收款台就是完美的例子：几何模块的堆积看起来非常稳固、高效，为大量顾客做好现金收纳准备。我们希望它有足够的人员来保持有序的产品销售。Zara商场的设计就像一场演变。

Leendert Tange是零售设计机构Staoreage的联合创建人。

并然有序而别致的楼梯设计体现了Zara的品牌
精神

有效果吗？

Jonathan Baker: 通过数字媒介，Zara
迄今为止的视觉商品促销和零售设计，
显然超越了创作。我们获赠空间巨大的
陈列室，室内包含无外乎一系列数字设
计的盒子，盒子中放入了一点视觉促销
方案。因为视觉促销方案非常自然动态
化，所以比较特殊，转瞬即逝。这种视觉
促销方案应当激发和制定志向，如果使
用不当，它就会索然无味和毫无意义。
如果不能在视觉促销方案中进行创新，
从而不能为顾客创造激动人心的环境，
属于不可宽恕的行为。

*Jonathan Baker是零售品牌化专业的顾
问和讲师。他也写博客: retailstorewin-
dows.com。*

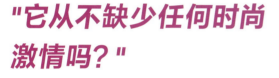

"它从不缺少任何时尚
激情吗？"

有效果吗？

Rodney Fitch: 我认为，鉴于Zara作为
时尚品牌的领导作用，我期待某些突破
现有模式的新东西，这是Zara的一件大
事。然而，尽管该商场经过整齐划一、组
织有序的完美设计，但它一点也不缺少
任何时尚激情吗？

*Rodney Fitch于1972年创建设计咨询
公司Fitch。他因零售设计方面的作品
而受到赞扬，零售设计是他目前讲授的
科目。*

商场的收款台结实、有效，已为成批顾客的光临
准备就绪

Hollister

由Hollister设计团队设计
纽约市第五大道668号

加利福尼亚冲浪品牌Hollister的号称"史诗级"商场,临近第53号街道,占地面积1400平方米,但是行动始于商场外面。整个临界区域是一块屏幕,由多个平板电视组成,实况转播加利福尼亚亨廷顿海滩以及冲浪运动员的风采。商场内部共有两层楼,天花板距离地板9米。

室内比较暗,一束束光线照向商品,而不是细部环境。在您检查商品排列时,多层木质镶框式房间增强了探索感。该商场实际上是曼哈顿第二个"史诗级"Hollister商场,您可以在SoHo见到更大的另一家。

hollisterco.com

有效吗?

Bodney Fitch: 我承认我有偏见,因为我从未喜欢过Hollister或其成员Abercrombie & Fitch。我所看过的每家商场,对我而言似乎都很陈腐和肤浅,第五大道这家也不例外。这家Hollister的努力就像在玩足球游戏,从来都不是二人组合! 这次由我来实现设计师的意图,但不知为何,事情看起来有悖常理。

相比领先于它的品牌(优衣库、普拉达、LV等),它的外部不够引人注目。对于室内,在我看来Hollister认为的"真实性"就是一系列地毯和固定装置,然而他们会发现并非如此。

"无论是每周7天,还是每天24小时,这家商场都展示着自己孤芳自赏的形象。"

有效吗?

Jonathan Baker: 像Hollister这样的品牌,希望所制造的产品能够给它们带来某种庄重感。第五大道上的巨大屏幕,传播着加利福尼亚冲浪生活方式。它们从未注意: 加州的夜间正是纽约的白天,反之亦然。这些对我来说无所谓。但是,该商场继续每周7天、每天24小时,反映着它孤芳自赏的形象,不去留意时间差。但是有时所看到商场外的人流,就表示它有多么受欢迎,所以它必须正确行事,至少为某些老主顾。

冲浪出现在Hollister的第五大道旗舰店,是由于多块TV屏幕和加利福尼亚亨廷顿海滩的实况转播

面对Hollister正面虚拟海洋的真水

商场内部昏暗，有些喧哗，摆放着植物、木镶板
和地毯，产生一种海滨房屋之感

"有时候，把许多事情聚集起来的效果等于零。"

灯光远比室内空间更能衬托商品

有效吗？

Leendert Tange: 全都是关于正面的。没错，它是大屏幕，但不是最大的，因为看过美国之鹰的任何人都可以作证。是的，前面是真水，甚至还有座桥作为入口。但是，有时候，许多事情聚集起来的效果却为零。相关性是什么？我理解它的海滩主题，因为Hollister使用给人一种海滩的感觉，但像这样的设计却增值不多。管理视频内容需要特殊技术，但我在这里没看到。我希望Hollister能够将这些窗户打开一点。这样做真的很有趣，展示更多一点Hollister建造成分。

优衣库

由Wonderwall设计
纽约第五大街666号

因为有必要成为最长自动扶梯之一的潜力，来迎接曼哈顿购物者，优衣库的8270平方米大商场，真的作为其业主日本迅销公司的意图声明。设计是日本咨询公司Wonderwall的作品。从商场外面的人行道来看，沿着一面墙的景色包括一系列屏幕，不断组成和重新组成优衣库的名称。

进入内部，仍有运动感，无论是三楼连接室内两部分的走廊，三楼配有红色不锈钢点矩阵显示器，屏幕不停滚动着，充满生气；还是数字周边图形。

自动扶梯从商场前面中庭内部，迅速升至顶层时，搭上中心台，炫目的自动扶梯有一种强烈的刺激感。

wonder-wall.com

大块的玻璃展示了生动的室内景象，吸引着顾客走入优衣库的壮观商场
图片 Nacasa & Partners Inc。

有效吗？

Jonathan Baker: 我们受到严重过量的视觉刺激，以至于我们可能对品牌的各种各样美学感到麻醉。优衣库利用大型玻璃正面（此处不总是使用图形），似乎在某种程度上克服了这点。从外面看，顾客成为"精彩表演团"的风景和一部分，不经意地参与进来，因为大街旁偶尔经过的窥视者可以看到这些爱出风头的购物者。而且，购物者当然也成了主街的窥视者，从室内将室外风光一览无余。

商场内高高的自动扶梯产生一
种刺激感

"购物者成为精彩表演
的一部分。"

为快速顾客流动而设计的高科技的收银台

这些更为私密的区域，为剧场般的中庭带来鲜明的反差

有效吗？

Rodney Fitch: 只有在纽约才能获得这种难以置信的重要体验，大型适量的商品直达空间顶部。外部为双色，令人赏心悦目，加上值得赞美的品牌叙述，让建筑自己来展现完美的室内细部。但是对于这一切，尽管难以置信，我仍然保持了冷静。收款区进行总计，等待机器人收取您的现金！

木质地板有助于体现商场的空间感

有效吗？

Leendert Tange: 来吧！多多益善，优衣库不怕展示自己。徜徉在各种颜色之间的大商场。大中庭欢庆基地，采用了所有的颜色（差不多是优衣库的商标），用更小、更为私密的区域相间隔，就像日本展示热技术的科技室，或小伙子们的牛仔区域一样。如果中庭的人们全部散去，地板仍然能令中庭保持完整，同人类保持着密切联系。

来自斯德哥尔摩的Guise工作室使用视觉阴影与明亮的北欧风格背景形成对比。

文字 Emma Fexeus
图片Brendan Austin

D&V

位置 斯德哥尔摩，雅各布斯博格斯加坦
15号
设计 Guise（guise.se）
客户 D&V
材料 镀层钢粉（架子）、涂以白漆的总
配架线（显示装置）、钢（桌面边缘）；
灰泥（墙壁）、NCS 0300-N 光泽度3油
漆（墙壁）
照明 闪光灯
地板 Weber
面积 70平方米
竣工日期 2012年3月

温馨的木材和反光钢建造的简洁区域，
衬托着商场的白织提花调色板

**"恐怖电影是
灵感源泉。"**

092

当多品牌时尚零售商D&V召集斯德哥尔摩设计工作室Guise，来为其设计大部分紧凑型城市商场时，它的挑战就是：如何为这适度的70平方米空间，带来影响力和戏剧性场景，而又不损失该空间的功能。Guise团队包括Jani Kristoffersen、Andreas Ferm和Emil Backstrom，为该商场的商品想出一款大部分为白色的中性、柔和背景。为了让空间从视觉上更为迷人，他们室内中间放置两个有角的显示装置和一簇模块搁架装置，产生一种光影与角度的戏剧效果。

这种使用中心物体的方法，成了Guise的某种签名。这种装置总是在某一空间内运动，鼓励顾客绕着它走动，发现后面隐藏的内容。设计师们说，这种方法的灵感来自马拉喀什露天市场内蜿蜒的小巷，这里的每个角落都可以发现新鲜事物；也来自恐怖电影的视觉技巧，从这些电影中您绝不会立刻看到整个画面，也绝不会看到画框外进来的新元素。

Guise受到功能性的驱使之后，它的新极简主义风格考虑到动态表达层面，这种动态表达赋予作品一种诗意格调。在工作室的住宅项目中，这种方法表现得最为明显。在这些项目中，无须考虑零售销售数字此类无可动摇的事实，设计师可以全力以赴地赋予人们一种迷惑感。

"在家里，主人有时间寻找隐藏的隔间，熟悉隐蔽的空间，"Kristoffersen说，"但是在公共区域，人们很紧张，可能没时间或耐心这样做。因此，我们试图平衡这种神秘感，通过为我们的公共项目增添透明度，从而略微过滤各种事物，而不是将它们…

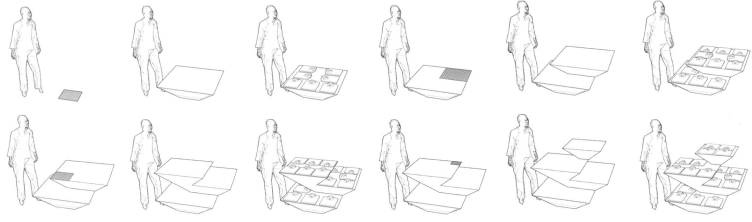

图纸显示了显示装置是如何建成的

阴影游戏赋予空间运动感和神秘感。

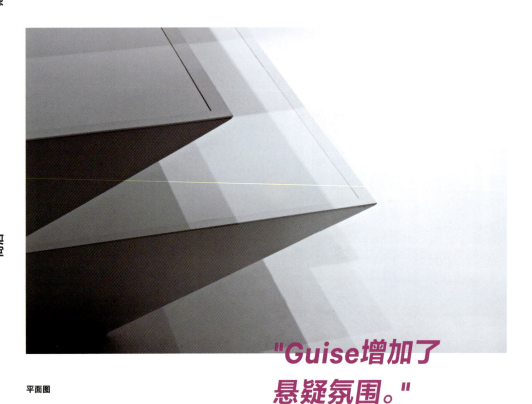

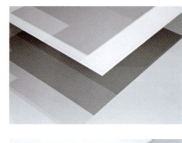

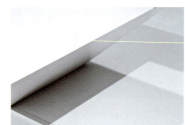

"Guise增加了
悬疑氛围。"

平面图

1. 显示装置
2. 销售柜台
3. 模块化搁架
4. 浴室

...彻底伪装起来。销售人员需要概述他们的商场。"与许多建筑公司不同的是，Guise创作以项目为基础而不是以空间为导向的作品。根据这些设计师所说的"项目具备空间"，即项目与空间之间的相互关系产生的空间体验，并决定在室内的运动方向。

Guise进行的零售项目，始于设计出一个基本外形，从而在周边进行设计。由于对形状进行扭曲和变形，以满足客户的需要，所以形状就成为所有室内项目的基础，包括显示装置、柜台和搁架。这种方法为团队提供了一个合乎逻辑的行动方案，用不了一天时间就可以完成一部室内新作品。

如Jani Kristoffersen解释道，这种方法帮助Guise"使用40平方厘米的面积，将它扩大20倍"。他描述了E&V商场的两个雕刻般的显示装置的概念。

"我们从40×40厘米的地板区域开始的，同时将该区域扩大四倍。下一个级别用同样的方式建造，捏着桌面的一角扩展它。我们重复这道程序，直到我们得到了想要的高度和形状。结果就出现了细长通风装置，装置的表面区域很大，用以展示产品。"

与几何形的桌子相对比，模块化的搁架从高高的折叠钢杆开始延伸。中心位置的附件插槽设计，类似于服装的锋线。收银台后面的墙壁上覆盖着反光钢板，使得传统售货员与顾客间的关系显得不再重要，同时给人一种透明印象。这样做也略微增加了迷惑感，这种特性与设计师们提供的优良效果相符。￭

桌子之类装置的设计属于练习作品。利用40平方厘米的足迹，设计出大多数展列室以及最大的雕刻作品

美食飨宾朋

Landini Associates设计的多伦多超市，成为当地社区的戏剧会场。

文字 Alex Bozikovie
图片 Trevor Mein

商场"原始"的正立面，经过颜色和灯光进行弱化

引人注目的照明设备

大多数食品商场，都会让购物者和产品沐浴在高频荧光灯下。但这里不是这样，相反的是，这里使用低垂的矩形射灯来为搁架照明，而用单独的固定装置为走廊照明。在其他地方，引人注目的壁灯投下阴影，使得整体照明产生养眼的昏暗效果。"在有些地方，我们根本不安置照明设备，这在超市设计方面属于非比寻常的做法，"Landini说。

比萨饼店略图，展示了提前决定使用反光材料和相对低调的照明的情况

Loblaws
旗舰店

位置 加拿大，多伦多，卡尔顿街教堂转角，枫叶花园
设计 Landini Associates（landiniassociates.com）
建筑（外部）
Turner Fleischer Architects Inc.
雕刻 Streamliner Fabrication Inc.
壁饰 Wall to Wall Murals Limited
标识 Somerville
照明 Hammerschlag+Joffe Inc.
材料 混凝土、大理石、胶合板、花岗岩、瓷砖（墙壁）、乙烯基板（地板）、层板
面积 8000平方米
竣工日期 2011年11月30日

对于加拿大人而言，家庭烹煮的膳食不再是简易的代名词了。由于文化包含着烹饪，如同剧院和食品是社会地位的象征一样，使得人们盲目迷恋当地产的新鲜产品和有机产品，所以零售商将食品购物体验改变得同样炫目。加拿大Loblaws连锁店新的旗舰店，可能就是最好的例子。

它的内部设计由悉尼Landini Associates完成的，颇具独创性。这座8000平方米的商场将一些引人入胜的戏剧性策略集中起来，例如严肃的开放厨房和悬臂式的奶酪洞穴以及颜色和装饰有助于产生一种具有丰富零售经验的环境。一所烹饪学校、一家咖啡厅和其他社交空间，为缺少各种设施的新建居

民区增添了至关重要的便利设施。Landini是Conran Group的前创意总监，他在英国和意大利长大。他曾作为多伦多Turner Fleischer Architects中的一员，在有条件限制的空间设计竞争中获胜。

该商场占据前冰球场枫叶花园的一层。在68年的时间里，枫叶花园一直是多伦多冰球职业队枫叶队的家园。在痴迷于加拿大，这座建筑物有点像他们的圣地。"部分简报来自这座城市，它想让我们的设计参考这段历史，"Landini说，"但是，我们想要做的却是建造一座小型博物馆。"商场占据重要的一角，必须创建些非常活跃的东西。

Landini的设计明确地与多伦多的冰球历史相辅相成。在底下停车库里，壁画是以枫叶队的锦标赛年度为基础的，沿着墙壁用大号字体描绘枫叶队的名字，购物者在商场里面可以看到12×12米的雕塑作品，呈枫叶状，是由建筑物里的废弃椅子构成的。每个收银台的标识是LED指示牌，模仿了冰球场的神圣标志的 ...

"我们使用的材料，很少出现在食品店中。"

矩形的地灯、吊灯增加了空间的戏剧感，同时聚光灯照亮了产品

在自动扶梯上方，是生动的12×12米的蓝色雕塑作品，呈枫叶状，颇为引人注目。该蓝色雕塑是由废弃椅子构成的，它们是该建筑物过去作为冰球馆时的代表物

充满生气的色彩

这家商场最与众不同的地方是它的颜料，地板使用了鲜明的橙色，商场的主色为橙色和大胆的红色。Landini说这样选择旨在，利用简单的搁架和抛光混凝土地板，令商场与众不同，使得它与竞争者区别开来。"我们想做点更为充满激情的事情，"他说，"我们的挑战在于与和品牌之间建立一种有意义的联系。"他利用橙色和红色建立了这种联系。这两种颜色正是Loblaws标志上的颜色。

出口初步概念略图，演示了风格大胆的颜色搭配

"我们想做充满激情的事情。"

熟食和奶酪区的视觉装置，展示了可替换的中性调色板。该调色板是由混凝土、街道和建筑物的当前构造组成的

...圆点技术。而Landini的设计也令人意想不到地响应了该建筑物1931年快速建成的混凝土车库，这一造价低廉的建筑特征。为了突出Landini的澳大利亚人眼光，该建筑富有表现力的结构和朴素现代主义风格的正立面，似乎有点"野蛮"。他沿着裸露的混凝土外墙，保留了原楼梯的上漆轮廓，目前位于商场楼面高高的上方，呈Z字形。

"我们使用的材料一定是现代的，"他说，"这些材料不是你希望在食品店里看到那种。"实际上，有一些大型墙壁，上面铺着光滑的红色陶瓷地砖，柱子和墙壁上镶嵌有颜色浓郁的夹板。主材料是外露的生混凝土和色调大胆的乙烯基瓷砖。

在参与的若干次建筑设计中，设计师的眼光是显而易见的。例如，商场的食品准备厨房完全悬在零售地板的上方。在这里，有16位主厨在展示窗后面工作，为餐厅柜台准备食物，对此人们一览无余。

然后就是由冰箱堆叠起来，高6米的奶酪墙。冰箱的玻璃门已准备就绪，可以沿着无遮盖的工字型横梁滑动。冰箱内装有400多种奶酪，其中包括45公斤的斯蒂尔顿奶酪圈。由Landini构思的这堵墙壁，为人们带来视觉奇观，同时还传递了商场的质量和选择范围的信息。尽管内部设计代表着一些关于商品销售的大胆想法，但它也呼应了超市前面和远处的购买食品的体验。"在意大利，我的姑姑始终每天去三次超市，尽管她有电冰箱，"Landini回忆，"她愿意进入外面的世界。就这样，我们想建造一个会面的场所，我想我们已经完成了。"

Bakery

Sliced just the
way you like it

will happily slice your bread to any
thickness. Just ask.

标志使用的怀旧字体，以及成排的柳条编织
的篮子，使面包房呈现出乡村商店的感觉

低科技刻字

商场的导向系统的特征是：拥有与众不同的模板字体，是由设计团队根据模板截面和座椅数，安放在枫叶花园竞技场的现有墙壁上。使用的字体大小不一，从而为商场光滑的表面平添了一种低技术粗糙感的暗示。也有些例外，包括镶在熟食柜台后面混凝土内的数米高的词语"DELI"，与主正立面字体的风格相呼应，"面包房"和"法式糕点"使用的复古刻字。

"我们不改造它，但对它进行重新安排。"

引导标志指的是模板数字，它们曾用于指示冰球场的座位

导向标志示略图，显示了简单、怀旧的通道

打造枫叶花园

针对Loblaws项目，Landini Associates采用了平常的方法，通过类似于情绪收集板的"剪贴簿图形"来进行先前的创意，参考原理加入到完成的设计中。"这些视觉元素中使用的许多内容均来自我们已完成项目，"Mark Landini说，"我们不改造它，但对它进行重新安排。"

办公室与剪贴簿视觉元素相匹配，生成计算机渲染的视图效果，从而变为Landini所说的"迭代设计开发工具"。他解释道："我们打算仅从一个或两个这样的视觉效果开始，这样有助于我们开发照明设备、材料的用途和整体形态。我们不断变更和更新它们，直到我们满意为止。作为一个掌握多种学科知识的团队，我们同事在同一个工作室里工作。这就意味着，我们要将图形、照明和材料视为一个整体，从工作伊始就应这样，而不是向许多工作室那样，在后期将它们堆积到设计中。

"对于这座超市，我们首先为入口设计了两个视图。出口布置有雕塑作品，在熟食和餐厅区域，我们使用了混凝土和钢材，配有引人注目的红色地板。然后，我们制作了一部动画片，在整个空间内播放，这样客户就能看到我们的全景。"

展示的美味膳食吸引购物者在熟食区
大快朵颐

咖啡厅为其周围环境（仍缺少各项设施的新建居
民区）提供了必不可少的社交空间

丰富的体验

商场位于多伦多中心的商业区。该商业区凭借新建的公寓式大厦形式而具备居住特征，但当时仍缺少居住设施。为了能够为新的当地居民提供服务，Landini的团队说服了Loblaws，提供一排非常宽的店内便利设施。这些设施包括一间咖啡厅，宽敞的玻璃窗朝向街角；独立的茶叶店，每天在白日里提供十款免费样品；一所烹饪学校，在商场的中央设有大型演示厨房；其他设施有面包房、寿司餐厅、意大利比萨和意大利面店。

平面图

1. 天然食品
2. 乳制品
3. 肉类
4. 肉铺
5. 鱼铺
6. 健康和美容店
7. 天然食品
8. 食杂店
9. 医疗中心
10. 维生素和补充剂
11. 客户服务
12. 药房
13. 结账台
14. 面包店
15. 奶酪墙
16. 茶叶店/法式蛋糕店
17. 咖啡厅
18. 农产品
19. 沙拉/果汁店
20. 面包
21. 熟食
22. 餐厅
23. 外卖
24. 寿司
25. 花卉
26. 烹饪学校

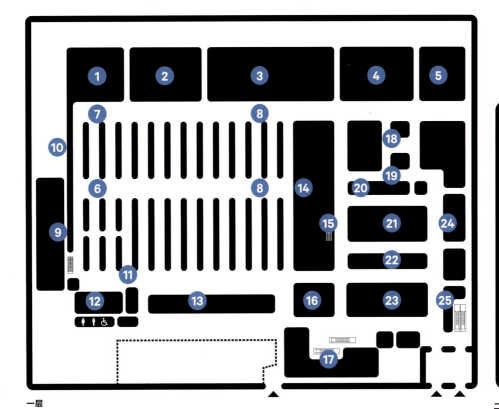

一层

二层

多伦多

略图显示餐饮区休憩的方式

"我们想打造一个会场。"

超市

结账区后面是一幅引用了当地历史的壁画

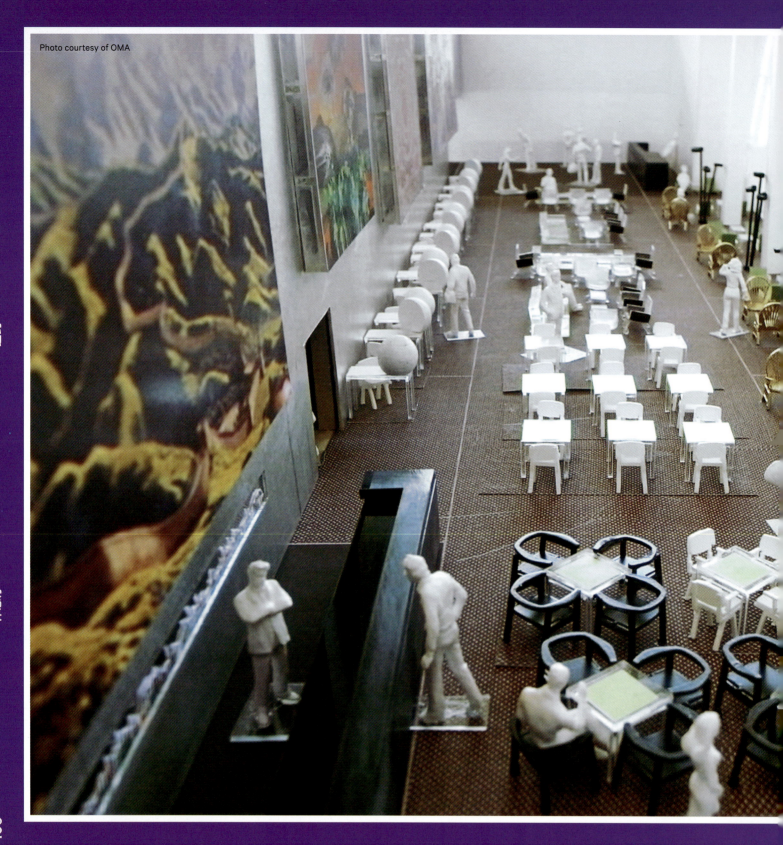

一个荷兰的设计团队对纽约的联合国 North Delegates Lounge进行了重新设计

文字 Merel Kokhuis

模型

North Delegates Lounge

位置 美国纽约州纽约市联合国广场760 联合国大厦 邮编 10017

设计 Hella Jongerius、Rem Koolhaas、Irma Boom、Gabriel Lester和Louise Schouwenberg

客户 荷兰外交部

材料 铝合金挂板（南墙）、数字媒体展示（西墙）、织物网（挂帘：北墙）、上釉瓷珠（挂帘：东墙）、毛织品（毛毯）、树脂（接待处和吧台）

地板制造商 Desso（由Jongeriuslab专门设计）

面积 750平方米

预算 300万美元

预计竣工日期 2012年下半年

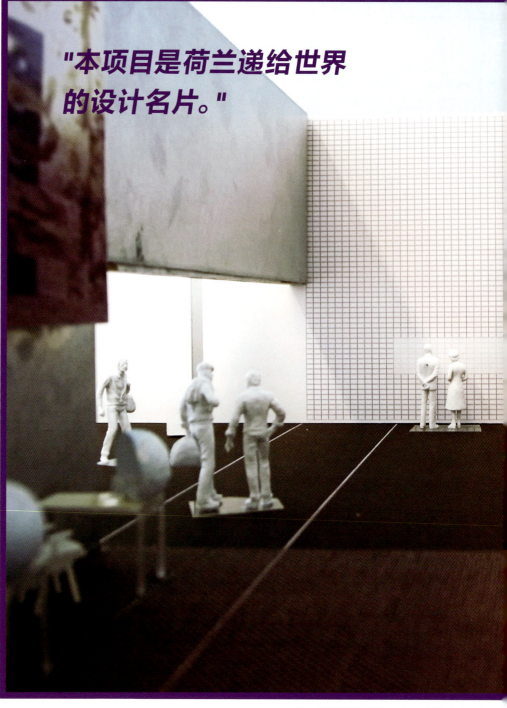

"本项目是荷兰递给世界的设计名片。"

问讯台的特征是在黑背景上涂一层树脂。台后的时钟和引导标识，是原休息厅的一部分，予以保留
图片 OMA

现在俯瞰纽约市东河的场地内，正进行着联合国建筑群的大规模翻新工程，这是在铺设第一块基石的65年后的修复。继原建筑设计方Wallace K. Harrison及其领导的团队之后，当前项目由联合国各成员国的出资，荷兰外交部任命Hella Jongerius及其团队进行设计，在不改变原始概念的基础上，修复翻新North Delegates Lounge。联合国要求荷兰团队的设计必须有一个主要目的，即一个展示项目。该项目将全球的目光集中在荷兰的设计师和艺术家身上。

North Delegates Lounge是一个会议场所，供联合国192个成员国的众多决策人员和外交官使用。这里的休息厅是非正式、非官方的场所，在这里进行的会谈不需要做记录，因此它在联合国的工作中扮演着重要的角色。尽管所有重大决策均是在该建筑群内的其他场所做出的，但就是在这里各国之间谈妥诸多"交易"，在这里关系得以诞生或恢复，仇恨得到消弭。

荷兰外交部声明"这个项目是荷兰递给世界的设计名片，是荷兰表达自己的非传统方式，最重要的是本项目附属于联合国和多边合作。

如果"荷兰"一词由于"The Dutch Delegates Lounge"被当作标签添加到休息厅上，我们的目标就实现了。"

联合国基建总计划给予Delegates Lounge的身份是"1级历史意义"，这表明联合国希望保护历史上有重要价值的建筑物和场所。对于Delegates Lounge而言，就是翻新和保护该空间，并尽可能使其保持原貌。但是，设计师们获得了机会，以改造墙壁、地板和天花板的装修，从而使得该建筑物的建筑风格与毗邻空间的具体化和谐一致。

本页这幅图具有四个特征：东北饰面外墙的透明度、独立的柱子、原挂钟及天花板的高度以及平整表面，它们代表了休息厅的特色，并且必须予以保护。为了保证安全性和私密性，不允许建筑物外面的任何人看到室内的不连续景物。最近开始准备翻新Delegates Lounge。

来自 OMA的建筑师 Saskia Simon

建筑介入、内嵌式家具、空间布局

　　在设计开始，我们逐步研究了这个空间的过去，并绘制了空间演变图。这样使得我们能够对各项事物，例如空间的原始布局和其最早的特征进行深入了解。

　　OMA的一次重要任务是移除20世纪70年代时期添加的夹层。移除夹层，将休息厅修复为全盛时期的样貌，与此同时也恢复了东河的景观。

　　该休息厅具有双重身份：尽管正式仪式记录了联合国代表们的习惯及在此空间里处理的重要事项，但它不过就是个带有酒吧的休息厅，散发着非正式的空气。这种双重性曾受到过反思，例如，将正式商务环境和非正式低座位（沙发和RE休闲椅）结合在一起；并且Irma Boom的北墙设计风格奇妙朴素，加强了这种双重性。我们在设计休息厅的两个永久固定装置时，重申了这种朴素风格。

　　与这些元素形成对比的是：珠帘、Hella Jongerius 带有脚轮的RE休闲椅及带有半球形兜帽的电脑桌。
oma.eu

移除夹层之前和之后的休息厅对比

模型的等角透视图

休息厅中央区的模型（俯瞰图）

设计师
Hella Jongerius

绳结串珠帘、格子地毯、调色板、家居设计和挑选

"休息厅完全荒废了。毛毯、窗帘、家具，一切都破烂不堪。随着时间的流逝，逐渐积累的家具令这里杂乱无章，房间的原始设计不再完整。我们向这个空间的历史致敬，尽可能保留原貌，与此同时在上面增添一些现代元素。与制作纪念雕塑不同的是，我们想放大触觉细部。我们选择了现有的材料和色板，而且，如我所言，要添加一些新的特色。"

"表现材料的纯度"和触感，是加强和改善空间体验的方法。一些现有的家具经过修复后，加入到我们的整体设计中，其中包括 Hans Wegner 的 Peacock Chair。另外我们还选出了众多经典作品，如 Gerrit Rietveld 的 Utrecht 椅、本人的 Polder 沙发和 Jean Prouves 的 Fauteuil Direction 椅，并为其制作了新的外套。

我们还为此房间特别设计了一对新家具，RE 休闲椅和气泡桌。荷兰设计师和其他国际著名设计师（包括 Joep van Lieshout 和 Eames），也为房间添加了几样东西。所有新纺织品，都是以对经典双色纺织品 Daphne 的设计为主的。Daphne 来自荷兰 De Ploeg 事务所的档案室。

"对于地毯，我们设计成像纺织品一样的织物，结合使用两种颜色。对于休息厅东侧的纪念窗，我们设计了绳结串珠帘，它的名字说明了一切，是我们与 Royal Tichelaar Makkum 的工匠们密切合作而制成的。"

jongeriuslab.com

休息厅东侧窗帘上的釉瓷珠
图片由Royal Tichelaar Makkum友情提供

结头&珠帘实物模型

绳结串珠帘和RE休闲椅（右）
图片由Jongeriuslab友情提供

家具的彩色调色板

"团队成员讨论了翻新工作的各个方面。"

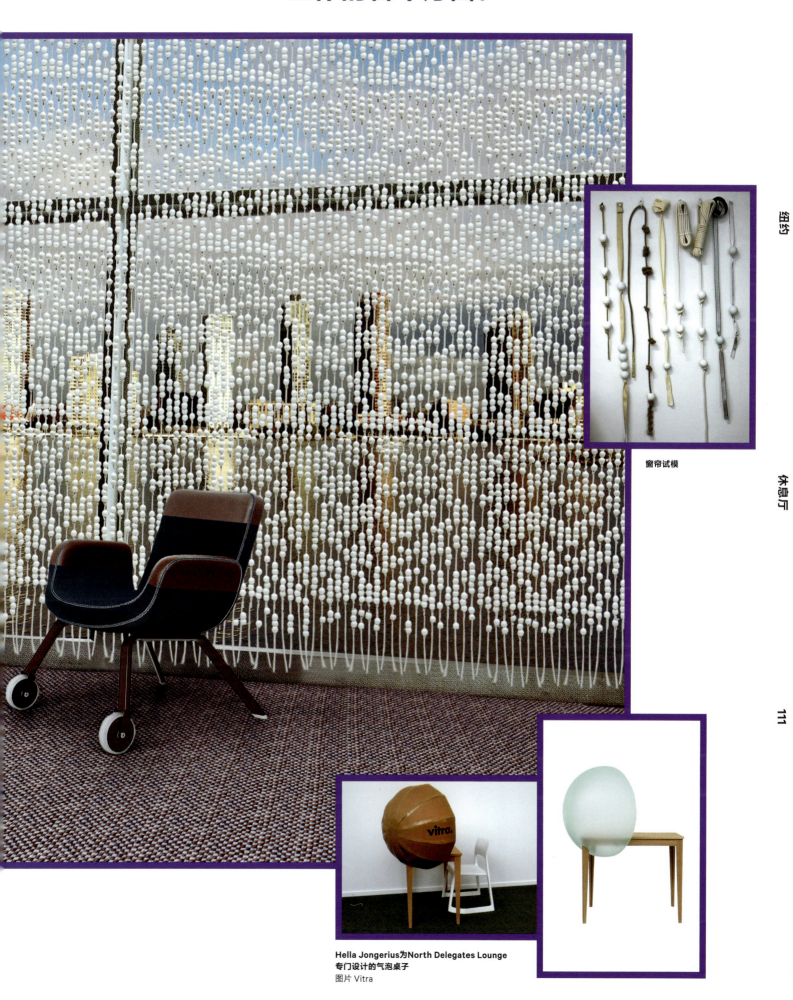

窗帘试模

Hella Jongerius为North Delegates Lounge 专门设计的气泡桌子
图片 Vitra

纽约曼哈顿

荷兰Beemster Polder 沙罗织法
细部

纱罗织物细节

Agnes Martin的绘画

图形设计师
Irma Boom

绳结串珠帘、特殊活动窗帘、出版物设计、印刷品

　　"我负责休息厅的北立面，宽敞的窗户，长 34 米、高 7 米。透过这些窗户，可以看到街对面联合国建筑物的景色，另一边的窗户面对联合国花园和 Harrison 楼宇。由于联合国建筑群俯瞰着水面，我将荷兰的海洋史和相关活动作为我的出发点。水将荷兰和美国联系在一起，纽约是由荷兰西印度公司的海员建立的。"

　　"北墙的倾斜角度非常大，我想通过悬挂绳结网格帘，即通过产生张力的方式，让窗帘依凭着窗户的角度来突出这种倾斜度。这就为家具提供了额外的空间，人们可以靠近窗户坐着，而不是坐在以前的位置上。在窗前，窗帘悬挂的角度恰好将柱子隐藏在后面，从而赋予休息厅一种现代感和恢宏的气势。为了加强这种建筑风格，窗帘就需要依照特定的角度。OMA 移除了夹层，随后校准窗帘和窗户，恢复休息厅的原有宏伟气势。"

　　"我的网状格子窗帘，大部分以联合国大厦入口处汉白玉墙壁为基础；同时也从荷兰艺术家 Jan Schoonhoven 和美国艺术家 Agnes Martin 的作品汲取灵感，以及借鉴了为荷兰圩田和曼哈顿街道塑型的格栅。我设计的格子比例统一。绳结网格帘的颜色为冰蓝色或灰色，在整个休息厅用其他元素将其复原。根据"网格"使用的传统方法，15 块镶板全都是手工制作的，下面部分第二层的所有绳结也是手工完成的，用以确保隐私性。利用这种方法，我将荷兰的海洋史以特殊的工艺形式，综合到我的作品中，虽然是以抽象的方式。"

　　"除了我为北墙设计的窗帘以外，我还为团队设计了各种 UN/RE 出版物：版本说明和标志着项目已完成的手册。我还与 OMA 合作，为他们的电子墙排版。"
irmaboom.nl

窗帘为冰蓝色或灰色，这些颜色令整个休息厅浑然一体

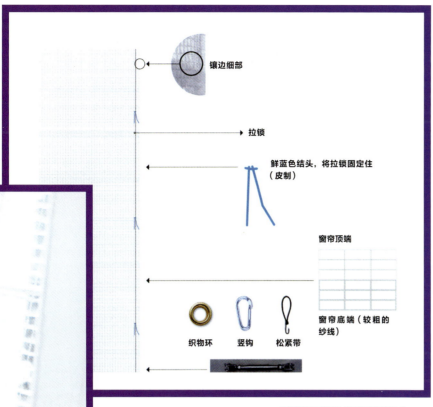

镶边细部

拉锁

鲜蓝色结头，将拉锁固定住
（皮制）

窗帘顶端

窗帘底端（较粗的
纱线）

织物环　　竖钩　　松紧带

图标展示了绳结网格帘窗帘的构成

**"我们想聚焦于可
触觉的细部。"**

绳结网格帘依着北窗的角度

理论家
Louise
Schouwenberg

家具精品，书面文件资料

"我们从大量的集体研讨开始，所有团队成员参与讨论了重新设计休息厅的各个方面。只有在选定总体规划之后，每个成员才凭借其经验，开始集中设计特定的细节部分。"

"除了对集体研讨的贡献外，我还为我们的初步会谈写了讨论稿，为草案写了文本说明，为客户写了最终设计说明。我还与 Hella Jongeriu 合作，选择休息厅的家具。项目竣工时,Irma Boom 和我将制作最终出版物。"

"正如项目的首期说明提及的那样，该项目为荷兰设计提供了国际平台，将会把全球的目光聚集到荷兰的设计师和艺术家身上。作为一个团队，我们首先确定我们全都是荷兰人，以便具备充分的资格。我们还快速决定不单独建造荷兰设计的展览室。荷兰设计在国际上取得了成功，这就是我们想将荷兰设计师和其他国际设计师相提并论的原因。"

"授予斯堪的纳维亚设计师荣誉，是我们概念的一部分，他们曾为此空间设计了家具。一个重要的例子就是 Hans Wegner 的 Peacock Chair，它是在 Delegates Louge 的每张照片中出现的标志物。"

图片展示了家具和休息厅所的色彩方案
图片 Jongeriuslab

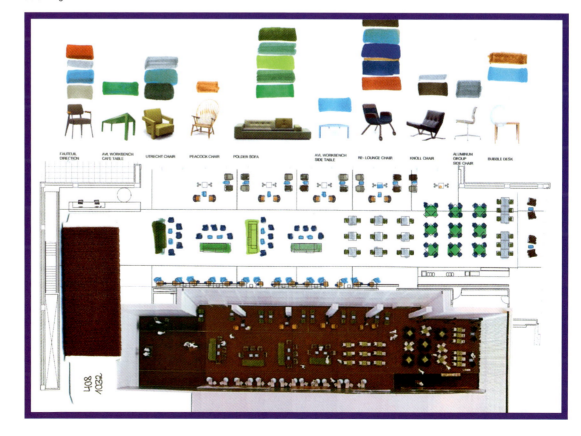

Marco Giacomelli设计的透视图，
展示了悬浮在空间内的绘画和挂毯
图片 Gabriel Lester

艺术家
Gabriel Lester

挪用艺术品

　　"尽管团队里必须有一位艺术家，但不允许在休息厅里增添艺术品。在艺术方面，不接受礼品。这样看起来有些矛盾。尽管如此，但有一次我在室内发现了四件大型艺术品：我感觉这些挂毯和绘画悬挂而不是随意放置在墙上会更好。我很快决定将现有的艺术品用做我个人贡献的素材。"

　　"我开始寻找'设计'这些作品的新方法，既采用字面意义的方式也采用比喻的方式。在某一时刻，我体验到一种灵光一闪，我建议将墙上的作品取下，然后将它们悬挂到半空中，打个比方说，就是让它们互相分离。这样的话，根据重力，这些巨型作品堪比建筑中的介入结构。"

　　"除了用艺术品创建雕刻般的物体和空间外，我还能够让人们看到它们的背面，或至少提供了从两面观赏它们的可能性。这方面就为介入结构增添了隐喻的含义，参考了'硬币的两面'这句谚语。但是进一步的理念开发，以将作品成排地、肩并肩地悬挂在远处的墙上结束了，作品的上边缘形成一条直线。"

　　"结果形成了一个迷人的连贯整体，再逐一地将附加层添加到了休息厅。此外，拉丝的铝合金挂板将整面南墙遮盖住，也成了这些艺术品的背景。为了强调这些作品背面的神秘感和切实存在感，用与每幅绘画或挂毯的尺寸相一致的铝墙抛光表面，将作品包围，在它们后面形成光晕。"

gabriellester.com

休息厅里四幅大型艺术品的组合方案

原先的室内场景

团队建筑

2011 年春，荷兰外交部选派一组评选委员会，来监督纽约市联合国的 North Delegates Lounge 的翻新工作。该委员与四位荷兰设计师接洽，由后者组建一支设计团队，并选定设计理念。

四位设计师分别收到一份潜在团队成员名单。四人之一的 Hella Jongerius 对清单置之不理，召集了她的个人的团队。这是一个出色的决定，因为她和她的团队：建筑师 Rem Koolhaas、图形设计师 Irma Boom、艺术家 Gabriel Lester 和理论家 Louise Schouwenberg 最终大获全胜。

荷兰外交部评论道："评选委员会推荐了 Hella 的团队提交的计划，该计划以 Delegates Louge 在 20 世纪 50 年代的原始设计为中心。决定性元素包括有力的建筑介入结构、对选定材料和家具物品的精益求精。团队的计划也包括我们荷兰人的身份，这样做并不过分，尤其是在设计窗户和窗户遮盖物及使用荷兰家具方面。团队对外交手段、传统及休息厅的理解也很重要。"

"我将现有的艺术品用做我个人贡献的素材。"

Gabriel Lester的概念图展示了重新悬挂现有艺术品的方式

探索性研究展示了悬挂在远处墙壁上的艺术品

Fearon Hay事务所的奥克兰风格不仅是对过去辉煌的歌颂，更展现出光明的未来。

文字 **Simon Bush-King**
图片 **Patrick Reynolds**

设计师将两个通往街道的入口连成一条走廊描绘出建筑的轮廓

The Imperial

位置 新西兰，奥克兰市中心地区，皇后街44号

设计 Fearon Hay（fearonhay.com）

客户 Phillimore Imperial Properties Ltd.

材料 玻璃、混凝土、钢材、木材

施工方法 石工、细木工、大木工

家具 由Fearon Hay, Tolix（tolix.fr）定做

照明 由Fearon Hay, Laura Suardi（laurasuardi.com）定做

铺地板 European Ceramics Ltd.（euroceramics.co.nz）、Natural Timber Floors Ltd.（naturaltimberfloors.co.nz）

面积 4150平方米

预算 430万欧元

竣工日期 2011年11月

"公众需要明确的邀请。"

开放式庭院将五层商业空间联系在一起

采光井将自然光引入空间内部

The Imperial的那些商店、办公室和餐馆组成，盘踞在奥克兰熙熙攘攘由Queen Street和Fort Lane红灯区之间。来自当地的Fearon Hay事务所将之前的两家电影院（1956年发生火灾后，大部分时间空闲着）改造成多层的室内建筑，用以歌颂过去和将来。

追溯到20世纪80年代，奥克兰的发展和其历史遗留建筑之间的关系变得紧张，开发商选择拆除这个新西兰最大的城市的历史建筑并用光芒闪耀的玻璃大厦来代替它们。但是，过去的20年来，奥克兰经历了城市复兴，其中包括重新历史遗留建筑对城市的贡献。

新西兰直到1840年才正式成为欧洲人的移民地，在这个如此年轻的国家背景下，像The Imperial这样刚刚超过100年历史的建筑物，则被郑重地视为历史遗产。Fearon Hay事务所的设计策略比较大胆，尽管他并没有试图将建筑物复原到理想化状态，但在接近这些揭示和赞颂过去岁月的历史建筑时却十分审慎。建筑师将大型建筑物内有深度的空间、有限的自然光和小块租地等潜在的约束条件转化为机遇，新建的空间使建筑构造更加牢固，同时将该空间与城市环境重新联系起来。

三个主要变动予以翻新新的定义。首先，建筑师利用穿过该建筑的人流通道将两个街道入口联系在一起；其次，将小型采光井扩大至大庭院，把自然光引入空间内，并为周围办公室和餐厅提供光线；最后，Fearon Hay事务所制定了一种有效的所有权模式，这在缺少界限划定的空间内很有效。

开放庭院将五层商业空间（办公室之间内可以看见一家小酒馆和美食餐厅）联系在一起，一楼通 ....

... 道上有一家丹麦糕点咖啡馆。"公众需要明确的邀请。"建筑师Tim Hay说起模糊了室内和室外边界胡购物通道。参观者会看到脚下使用的典型的奥克兰铺路石，并发现与城市氛围形成对比的视觉提示，包括悬挂在餐厅内的霓虹灯引导标示。

第三个主要变动，即在不明确的空间内制定一种所有权模式。该变动并不会立即见效，但它一定是最重要的变动。"这些建筑物是集体实体，而不是单独实体，"Hay说。它很容易将两块临街地界的相关租地分离开来，但是，通道入口将这些建筑连接在一起，使得所有权模式具有可行性。

因为形成流通和临街地界的通道和庭院得以恢复原貌，The Imperial成了以室内设计为重点的项目。并且具有非常不错的公众形象。在前几个月里，该通道已经被证明是一个广受欢迎的会议点，也是一个便利场所，从这里能够形象地解构Fearon Hay事务所的设计方法。作为档案保管员式的建筑团队，建筑师自己检查了该建筑，"无需向历史让步，即可打开The Imperial的门锁"，Jeff Fearon说，"柔弱的手伸了进来，移除可怕的外表，留下美丽的砖块。"建筑前身的其他踪迹保持原状，例如20世纪70年代添加的华丽剧院天花板和人造西班牙拱桥。

新添加的建筑是独立存在的，细部整洁，轮廓硬朗。"每个元素都像该建筑以前的那些元素一样持久耐用，"Hay说。这种方式极其明显地体现在将庭院内五层建筑联系起来的楼梯上。黑色的折叠钢板与砖墙相互缠绕，似乎都控制不了对方，却恰好停留在地面上方，仿佛有种失重感。大多数家具和古玩都来自本地，而新家具则使用了相应的建筑材料或细部特点。黄铜桌和Jielde灯具排列在通道上，可以使日间咖啡厅转变为夜店。

大胆地将一系列建筑转变为有附着力的整体，同时敏感地处理历史问题，这需要雅致的格调和意愿。事实上，Fearon Hay事务所也引入了当代元素，这些元素强化了原始设计，巩固了一条通道，该通道将建筑物和公众联系起来，使得项目越发具有吸引力。这些内容与建筑群所有权模式的成功运用结合在一起。The Imperial所应用的设计引人深思，且具有历史意义。没错，空间可以改善，但它仍然保留了平等主义态度、易接近的外观，二者和谐共处。最终，奥克兰开始重视以本地人为重点的开发，这些工作显示了好的设计为社会带来的益处。▬

"每个新添加的建筑元素都像该建筑保留的那些元素一样持久耐用。"

小巷的一楼开着一家咖啡厅，咖啡厅场地内精致的斜坡组合在一起，浑然天成

办公空间内夹杂着一间酒馆和一间美食餐厅

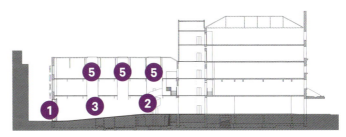

剖面图

1. 入口
2. 主楼梯
3. 咖啡厅
4. 浴室
5. 采光井

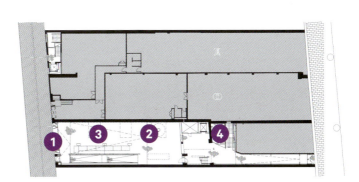

一层平面图

楼宇　　和谐

在马德里，Maria Langarita和Victor Navarro创建了一家音乐学院，它能够为人们带来节日感。

文字 Suzanne Wales
图片 Miguel de Guzman

融洽

乐声 在 地图上 奏响

马德里

红牛音乐学院

位置 马德里, 马塔德罗, 15号仓库
设计 Langarita-Navarro Arquitectos
（langarita-navarro.com）
景观设计 Jeronimo Hagerman
音效 Imar Sanmarti Acousthink S.L.
照明 Arquiges y Cuatro 50
材料 装满土的麻袋、胶合板、松树、帆布、油漆
面积 4500平方米
施工期 九周
预计拆除时间 2011年11月，目前无限期延后

"我们不是真的想为人们留下回忆。"

去年八月，由于酷热难耐，马德里人不得不停工，或去往更凉爽的地方，此时Maria Langarita和Victor Navarro开始全力以赴设计该项目，这是两位年轻建筑师曾经获得的最大项目。在日本经历毁灭性大地震后，能源饮料公司红牛紧急决定，将其2011年"红牛音乐学院"旅游节的举办地从东京迁往马德里，特别是迁往马塔德罗。在巨大的文化中心内，是一座经过翻新的20世纪初期的屠宰场，占地面积4500平方米，由17个仓库组成。该屠宰场被称为15号仓库。在获得参加邀请赛的资格后，Langarita和Navarro必须加快工作进度，仅用九周时间来进行他们的设计，并且预算也有限。他们甚至被迫修改计划，因为当时许多承包商和供应商都在休假，或者因为季节原因必须避暑。

还有其他的约束条件。红牛音乐学院是来自全

球的60名学生的学习中心，这些学生与音乐家、录音技术人员、DJ和制片人接受为期五周的紧张培训、会谈和研习。这些活动要求所有功能区必须隔音。然而，也由于项目的短暂性，所以需要无妨碍的轻型设施，因为它们易于竖立和拆卸。马塔德罗工业建筑遗产的状况，增加了额外的复杂性，因为15号仓库的金属框架和引人注目的新式穆迪哈尔砖立面必须保持原样。建筑师们与一位音响师合作时，意识到必须以闪电的速度完成项目。他们的自发性方法，在这些独立式模块的城市景观片段中体现出来。日本樱花树、桦树、竹子和蕨类植物组成的室内花园，是这些城市景观的补充，这座室内花园是墨西哥装置艺术家Jeronimo Hagerman的作品。

最重要的、技术上最复杂的元素是录音室，这里的声音缓冲效果至关重要。在Langarita和Navarro的独创性解决方案中，需要装满肥沃黑土（terra preta）的编织袋码成的干式墙。这些袋子在金属杆支撑的"笼子"内安放就位，从而将录音室包围在金属丝网中，赋予该建筑物一种高科技圆顶帐篷的有机形态。...

音乐工作室（右）和"办公室"（中和左），
二者位于类似村庄的风景宜人的环境里

室内花园为墨西哥装置艺术家Jeronimo
Hagerman的作品

Studios 1-9
Offices
Toilets

1. 小屋（办公室）
2. 花园
3. 露天平台/花园
4. 隔音录音室、演讲室和咖啡厅

① ② ③ ① ④

... 对于演讲厅，他们也使用了相同的方法，四处布满色彩明亮的 Acapulco 椅，非常大气，同时采用了黑白条纹帆布制成的"拱形"天蓬。Langarita 说，"关于项目的规定之一，就是典型的马德里装饰性元素，我们经过深思熟虑后，选择了这种织物。用它做遮蓬，相当于百叶窗，遮住城市的高层公寓免受阳光照射。当你四处走动向上望时，就会在四处看到它们。"（你试过就会发现她说的对。）

一条蜿蜒小路通向船舱小屋似的"办公室"，学生和导师在这里上课，交流知识和作品。用于建造小屋的松木板宽度不一（除此之外看不到其他的了），为小屋的外形增添了失衡的怪异感。它们全都布置在圆圈内，给人一种社区感。红漆电缆暴露在办公室外面（为了节省时间），连同外墙明亮的壁画和门廊上方的复古玻璃吊灯，这些电缆使得这里有一种"村庄"的样子，既调皮又天真。电工施工时，油漆工就将内墙快速涂上涂层，色调为明媚的冰激凌色，每座小屋的颜色各不相同。家具比较简易和多功能，吸引参观者观赏花园的是那些吊椅，一些折叠起来的放在小屋后面，供喜欢独自一人的参观者休憩使用。这里的绿色植物将小鸟儿吸引过来，叽叽喳喳叫个不停，把 15 号仓库变成了它们的家园。

尽管马塔德罗的总监们允许 Langarita 和 Navarro 的装置目前保持原样（红牛音乐学院去年 11 月迁出了马德里），但其他环境内的所有元素的设计都易于拆卸和再利用。即使栽种在土壤里的便携式盒子的植物和树木也是如此。参观完"村庄"之后，我问建筑师们是怎样为 15 号仓库想出这一概念的。"我们对建筑准则之外的东西非常感兴趣，"Navarro 说，"当代艺术对我们而言是一片重要的领域，尤其是 Philip Custon 的绘画。"他的搭档插话："我们喜欢概念和参考内容出现交叉的时刻。就像我们用在演讲厅的帆布一样。Prada 也将它用于作品系列之一。"

当地的工业和城市历史怎样呢？"我们不是真的想为人们留下回忆，"Navarro 继续道，"当然了，它们应当受到尊重，但是我们相信，必须深层次挖掘，才能发现旧建筑物的新用途"▗

红色电线像葡萄藤一样沿着小屋上爬。将它们暴露在外是为了节省时间

办公室就像船舱似的小屋，学生和导师在里面上课。室内涂以明媚的冰激凌色调

"必须深层次挖掘，才能发现旧建筑物的新用途。"

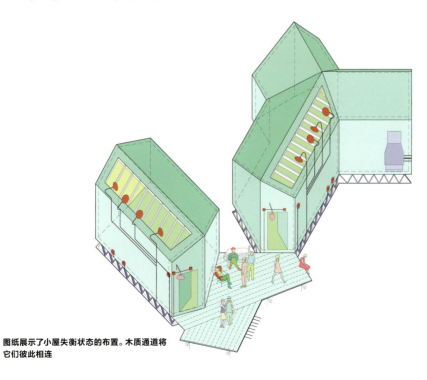

图纸展示了小屋失衡状态的布置。木质通道将它们彼此相连

演讲厅具有海滩的感觉，这归因于条纹帆布制成的用做遮阳的"拱形"天蓬，以及四处摆放着的色彩明亮的Acapulco椅

Langarita和Navarro声学方面的独创性解决方案：需要装满土壤的编织袋码成的干式墙，这些袋子用金属杆和金属丝网安放就位

"我们喜欢理念和参考内容交叉的时刻。"

马塔德罗事务

马塔德罗占据马德里南侧12公顷的面积，是一个杰出的地标性建筑区域。它广阔的面积，反映食肉类的马德里人对肉汤和当地杂烩菜肴的偏爱。1996年，马塔德罗停业，业务活动迁到小镇人口较少的地方。十年来，大块红黄砖建成的阁楼和露天广场处于废弃状态，直到各艺术实体将它们投入使用时为止。这些实体包括城市颇具声望的艺术博览会ARCO。

建筑群内的所有建筑物逐渐得到翻新，以用于特定的各种功能，例如，电影院、剧院、展览场所、工作室和儿童假日节目场地。在主广场（曾用于拍卖家畜）举办户外音乐会，参观者在阅览室休憩。每个空间都有与众不同的特征，通过对原始工业建筑功能转变而实现。15号仓库为最新建筑，因为它可能是西班牙最激动人心的新文化综合体。

将录音室包围起来的土墙

作为音乐家咖啡厅顶盖的帆布
"圆屋顶"

BEI II

北 京

在官方介绍中，北京是"中国的首都，政治、经济和文化中心，也是六朝古都和有着几千年历史的文化名城。"今天，"许多北京"在创意经济和文化产业的支撑下，变得更加丰富和多样。

气韵中国2013设计展

许多北京
Many Beijings

"许多北京"是一个独立的观察视角，我们试图通过一些切面来反映北京的这种"许多"的特点，无论它是积极的，还是消极的，只要它此时此刻真实的发生和存在，它都是此刻北京的存在。

文字 **海军**
图片 **北京国际设计周组委会**

螺师傅与螺师母

在官方的介绍中，北京是"中国的首都，政治、经济和文化中心，也是六朝古都和有着几千年历史的文化名城。"今天，作为世界性的大城市，2000万人同时在这里工作和生活，每天在北京使用的语言超过百种以上，来自五大洲上百个国家的人在这里居住和工作。每个独立个体总能找到适合的方式生活和工作，各种展览、书店、咖啡馆、艺术区、演出、音乐、戏剧、论坛、讲演、沙龙、聚会等，"许多北京"在创意经济和文化产业的支撑下，变得更加丰富和多样。

从观察者的角度看，此时北京无疑正在目睹一种被丰富性、多样性、可能性无限充斥的发展状态。北京的一切都不是孤立的，各种事物之间通过某种微妙的关系相连，或互相排斥，或互相协作；真实和虚荣、表象和本质，事物不同的存在和表达方式构建了北京的丰富性。"许多北京"是一个独立的观察视角，我们试图通过一些切面来反映北京这种"许多"的特点。无论它是积极的，还是消极的，只要它此时此刻真实的发生和存在，它都是此刻北

"北京的丰富性不仅反应在它给予创作者的灵感和支持上，还呈现在它所传递的包容性和不确定性上。"

一砖一瓦建北京

画展《从纸开始》

不是美术馆

798某画展

京的存在。

"许多"北京是一种事实状态。作为世界的超大型城市，这座城市包括了许多内容、许多事物、许多特点和许多人。但是"许多"北京又是一种实践状态，是一种动态呈现的变化状态。许多人和他们的行动构建了这座城市的一切，它的丰富性、可能性和不确定性都来源于此。

"许多"的第一层认知就是指这座城市的丰富性。对于设计师和创意工作者而言，丰富的城市和单调的城市具有本质上的区别。北京的丰富性不仅反应在它给予创作者的灵感和支持上，还呈现在它所传递的包容性和不确定性上。在包容性层面，任何创作者总能找到被理解、被认同的机会和可能性，正是得益于这座城市无与伦比的丰富性支持，使得任何一种创作都能够轻易地获取认同。此外，在丰富性的另一面，对于更多的创作者而言，这种丰富性还意味着一种不确定性，"无论是对于那些迷失在丰富性中的人而言"，还是"对于那些因为丰富性变得更富有创造性的人而言"，不确定性都是值

得每个创作者期待和憧憬的状态。

当然，这种丰富性的背后还预示无限的可能性。正是因为存在足够的丰富性，才为更多人创造了可能性和接入这座城市的端口。一个月前，艺术家曾梵志的作品《最后的晚餐》在香港的拍卖中创造了1.5亿港币的记录，这也是中国当代艺术家作品拍卖纪录。毕业湖北美术学院的他曾在武汉画了很长一段时间的画，苦于没有什么机会，只身来到北京，最终北京的丰富性成就了他的创作和他的成功。

一座城市的创造力源自人们的创造力，但是所有这些创造力的来源都取决于城市是如何滋养与丰富人们创造力的。北京就是这样的城市，尽管存在各种问题，比如雾霾、"首堵"等问题，但是它都无法抵挡创作者对于这座城市的迷恋，而这些创作和创作行为又不断丰富这座城市的魅力。

"许多北京"有许多事物、许多内容和许多可能性。

团队协作者

**林海认为个人的创造力与智慧需要团队协作共同完成，
而合伙人既要分享利益，也要共同负担责任。**

文字 叶玮
图片 **DAMU**

林海（右）和刘凯

北京当地五个最爱

聚集地 侨福芳草地 Parkview Green

最佳旅游地 紫竹院公园，大觉寺

建筑物 侨福芳草地，瑜舍，篱苑书屋，
三影堂摄影艺术中心

纪念品 在北京天安门广场的留影

三个词概括北京 小，中，大

—

林海曾从业于包括SOM建筑事务所在内的多家荷兰与美国知名建筑事务所，拥有丰富的国内外商业综合体、酒店，住宅设计和城市规划的项目经验。后于2008年在芝加哥创建了DAMU Design建筑设计事务所，并在今年和其他三位合伙人一起组成了DAMU中国设计团队。林海重视建筑设计创造力与技术的结合，同时关注中国传统文化以及新时代新技术与设计创作之间的传承与发展。

DAMU是2008年在美国芝加哥创立的，当初想过会成立北京办公室吗？

林海：在自己母亲的城市成立事务所对我而言是个奢求，所以在芝加哥时并没有想过这么多。而现在，可以用我的经验和实践改善这个城市的品质，哪怕只是很细微的点点滴滴，对我来说都是一种幸运。

北京这座城市对你的工作是否有启发？

北京是我出生长大的母亲城市，对我本人有着特殊的情感因素，北京的变化太快，一草一木、一砖一瓦，其实每天的变化都会对我产生影响。这些影响有负面也有正面，既会给我的设计带来正能量，又时刻提醒我作为北京本土设计师的责任感。

DAMU这个名字是否有特殊含义？

DAMU，是英文Dynamic Architecture Multiple Urbanism首字母的联合体，翻译过来就是不断变化而充满活力的建筑和多元化的城市空间；DAMU同时与中文大木谐音，汉字"大"可以拆分为一人，汉字"木"可以拆分为十人；一个人是设计师个性化的彰显，十个人是对团队精神的注重，个人的创造力与智慧需要团队协作共同完成。我们在借力自己国际化经验与背景的同时，立足于对本土文化的挖掘与提炼。

合伙人是分别承担项目还是共同负责？

合伙人既要分享利益，也要共同负担责任。利益不仅仅限于金钱，同时注重对设计本身创造的价值；责任不仅仅针对项目，同时思考对社会环境回

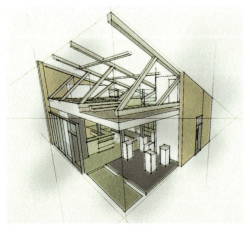

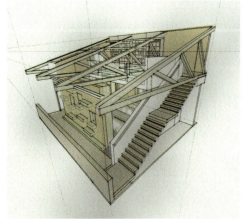

透视分解图

DAMU中国设计团队

主持建筑师 林海
创意建筑师 刘凯
团队成员 熊曦、李书阁、于春茹、
钱祝融

首层公共空间为充满艺术气息的开放式
咖啡厅以及艺术品展示

报与影响。

最近是否有设计中（或刚完工）的新项目？

　　DAMU近期建造中的项目有云南丽江束河艺
术家工作室和北京798艺术区有时间艺术会整体
改造项目，同时美国洛杉矶GUI BBQ餐馆也正在
设计中。▂

雪茄吧紧邻二层外窗，成为室内外交汇
的亮点

"一个人是设计师个性化
的彰显，十个人是对团队
精神的注重。"

整个建筑继承原来建筑风貌，以温暖柔和的砖、木为主材料

艺术中心 北京

138

狭长而雅致的VIP通道画廊

"精致的木桁架转化为私密会所内有趣的室内空间构成元素。"

有时间艺术会位于北京798艺术区核心地带,与千年时间画廊紧邻。现有时间咖啡馆更名为有时间艺术会,并进行全面改造,改造内容包括外立面、室内结构、室内功能重组以及室外景观。

建筑原为3818厂房建筑,占地120平方米,7米净高并拥有精巧的木桁架屋顶。在设计中,利用相对较高的净高增设夹层,室内被分两部分,首层大部分空间为公共的、充满艺术气息的开放式咖啡厅以及艺术品展示,增设夹层则作为私密的VIP红酒与雪茄吧。从一层独立入口,经由狭长而雅致的VIP通道画廊,上楼后豁然开朗,精致的木桁架转化为私密会所内有趣的室内空间构成元素。雪茄吧紧邻二层外窗,外窗挑出休息空间为抽雪茄人士专门设计,成为室内外交汇亮点。

整个建筑继承原来建筑风貌,以温暖柔和的砖、木为主材料,原有建筑拆卸下来的材料,包括砖、木板、钢构件,都经过整理,完全回收,作为改造建筑使用的部分建筑材料。这种方式既为原有建筑保留历史记忆,同时体现绿色设计环保概念。■

夹层平面图

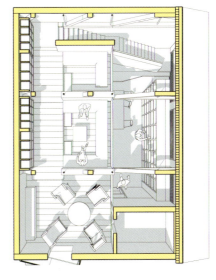

一层平面图

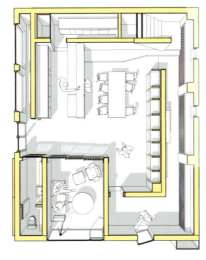

damu-design.com

北京当地五个最爱

聚集地 太古里TAIKOOLI
最佳旅游地 慕田峪
建筑物 瑜舍，国家大剧院
纪念品 长城砖（虽然不建议大家拿回家）
三个词概括北京 都dū（首都）：毒dú（空气）+堵dǔ（交通）< 度dù（文化）——多元文化和无限包容在一定程度上超越了空气污染和交通拥堵而让这个城市仍然极具魅力。

Think of anySCALE

Tom拥有独具匠心的创造力，勇于创新并且富于乐趣，他致力于将设计灵感理念深化成为大胆生动并且实用的设计。

文字 **李素梅**
图片 **孙翔宇**

anySCALE任督工程设计咨询有限公司是一家从事室内设计、建筑设计及其衍生服务的专业设计事务所，成立于2011年7月，并在香港、北京和上海设立办公室。公司由三位合伙人共同领导：Karin Hepp（奥地利）、Tom Chan（中国）以及Andreas Thom-czyk（德国）。三人分别主要针对住宅会所、传媒产业和汽车行业等范畴，他们在建筑和室内设计领域拥有十余年的工作经验。Tom，Karin和Andreas在中国设计市场逐渐享有盛誉。anySCALE也已经成为高端商业客户寻求出色建筑设计以及后期方案实施的最佳选择之一。

Tom在成立anySCALE任督工程设计咨询有限公司以前在北京的一家著名建筑工程设计公司担任创意总监一职长达十年。拥有平面设计深厚基础的他擅于将趣味元素融入工程设计项目中，比如将明亮的色彩运用到办公室设计中，抑或在休息区加入前卫结构造型。Tom近期的项目包括了全球著名的MediaCom传媒公司，在严谨的办公室标准框架中增添了多姿多彩的创意，打破陈规。

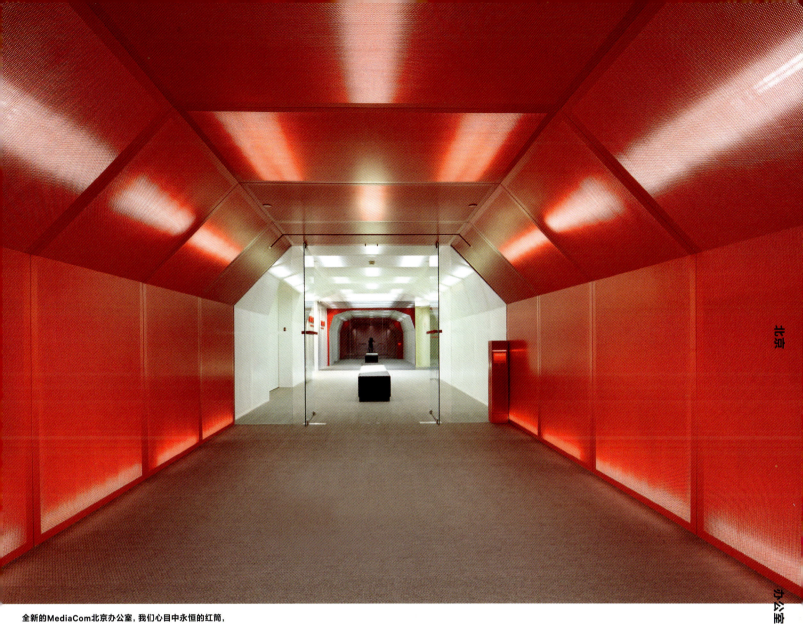

全新的MediaCom北京办公室，我们心目中永恒的红筒，
以一种类似终结的形式走向未来

"随着客户对设计师个人的依赖感日益加强，并积累到一定程度，就产生了创立自己建筑事务所的愿望。"

你们三个来自不同的领域、不同的国家。那你们是如何聚到一起，创立任督设计的呢？

　　anySCALE任督设计：我们创立才不到两年的时间，但我和另外两个合伙人Andreas Thomcyzk（德国）、Karin Hepp（奥地利）在一起工作已经超过七年了，之前我们都在北京的一家设计公司担任主设计师和创意总监的职位，带领着不同的团队完成了很多不同类型的项目，慢慢地发现大家的价值观比较接近，而且有很多的客户对我们设计师个人的依赖感日益加强，积累到一定的程度，理想和现

实就开始有了交集，所以就产生了创立自己建筑事务所的愿望。

你们是如何分工的呢？

　　我们三个都是设计师出身，因此我们各自都带项目，只是大家的能力侧重点不一样，Andreas对汽车行业成竹在胸（刚毅）、Karin对住宅会所的把握精到独特（温润），我热爱传媒产业的无限创意（天马），所以当项目的属性相对稳定的话，我们就会顺理成章的带领自己相对拿手的项目，当然出于

对客户负责的态度，现在anySCALE任督的每一个项目，我们几乎都会集体探讨，尝试去找出一个兼顾功能与美学最佳的平衡点，然后研究新材料与工艺的应用，想方设法去让这个项目实现出来的结果品质优良而又超越预期。而在公司的日常事务中，Andreas是执行合伙人，Karin负责行政与财务，我更多是担负起Marketing的角色。

最近在做什么？

　　公司手头上的项目比较多，所有人手头都是 ...

anySCALE的灵感不仅在于获得精致美观兼具功能性的展厅设计，更在于在中国市场发展与公司设计相辅相成的品牌概念设计

...满满当当的，而相对需要花费比较多精力的有几个，分别是一个高端品牌汽车的研发中心、一个模拟医院的产品展厅、一个大型国企的办公室全新改造项目。"沟通并取得信任"是国企改造项目成功与否的关键所在。当然，根深蒂固的传统观念让这个过程变得任重而道远，我们不会因为这样而放弃，反而这才让项目充满柳暗花明的无限可能。我们一直在努力，用设计去尽力改变国企带给大家固有的刻板印象与教条主义。对了，还有坐落在北京新地标建筑

里面的一个大人物的小水果店，这个非常有意思，也具备挑战性。

你们怎样看待自己的设计风格？

我们做过非常多不同类型的项目，似乎没有绝对固定的风格，但从项目的结构和流程上来说，我们追求的是一种现代简约的节奏，无论外表呈现出多么缤纷多彩的效果，骨子里面的精神只有一个：Less is more。即使在追求极简效果的项目里，我们依然

非常重视施工过程中的每一个细部节点，这是整个项目品质的保证，也已经成为公司的一种固有工作习惯，对细节，绝不妥协。

请描述一下北京的设计景象？

还是回到"度dù"的问题，北京是一个极具包容力的城市，在一定程度上来讲，北京的国际影响、超前意识、自由土壤和强劲的市场需求让设计遍地开花、良莠不齐，但是整体水平提高迅速，我们可以

奥迪北京城市展厅，现场精雕细琢，效果震撼，由anySCALE(北京)和Raumwerk(德国)合作完成

找到非常多优秀的设计作品和产品，甚至有越来越多的设计过程与国际是同步的，有伯乐才有千里马。在北京有快速成长的伯乐群体（甲方），这注定是千里马（设计师）们的幸福家园！

对未来的期许？

用心、细心加耐心，认认真真做好每一个或大或小的项目，相信有一天，我们的客户会因为选择anySCALE任督设计而自豪不已，然而我们的竞争对手，会因为有一个强大而且稳健成长的对手而愈发自强不息。■

anyscale.cn

轻松随意的休闲场所

三里屯SOHO配套会所，柔和流线状的空间分割，巧妙融合健身、影院、台球、开放厨房、酒窖、瑜伽、图书等功能于一体

"无论外表呈现出多么缤纷多彩的效果，骨子里面的精神只有一个：Less is more。"

活跃创造者

魏娜与她的好朋友兼合伙人Christo-pher W. Mahoney一起在设计工作中互补互助。

文字 叶玮
图片 ELEV

北京当地五个最爱

聚集地 方家胡同46号，798/751，三里屯village
最佳旅游地 国子监，今日美术馆，798/751
建筑物 CCTV和TVCC
纪念品 稻香村点心
三个词概括北京 丰富，大，亲切

北京

装置

—
年轻女设计师魏娜有着丰富的履历，不管是荷兰OMA、美国BBB，还是中国非常建筑和马达思班，都是其中一部分。终于她和 Christopher W. Mahoney 在纽约成立了国际性跨学科的建筑设计事务所 ELEV（Elevation Workshop），然后在 2009 年正式成立 ELEV 北京办公室。作为在中国最活跃的年轻事务所之一，ELEV 目前的项目包括从几十万平方米的大型综合中心、几万平方米的超五星级酒店到几千平方米的美术馆及规模更小的高端时尚零售店等，并与世界顶级建筑师事务所一同受邀参与了包括北京、天津和内蒙古政府的多个重要项目的设计。

你是如何开始与Christopher W. Mahoney的合作的？

魏娜：十年前我们成为好朋友，我们的合作建立在相互的信任和支持的基础上。同时，拥有不同的背景，让我们能在设计工作中互补互助。

为什么选择在北京成立ELEV工作室？

北京是我的家乡，同时又是一座充满各种可能性的城市。我们选择了在方家胡同落户，是因为我们觉得这里是北京最有魅力的地方之一。这里是新旧的结合，既有老北京的闲逸，又有新北京的生机勃勃。

北京的年轻设计师的生活如何？

各式各样。

北京这座城市对你的工作是否有启发？

我是在这座城市里长大的，毫无疑问，她对我的生活和工作都有不可忽视的各种影响。

最近是否有刚完工的新项目？

今年我们完成的项目里面有三个小项目都是在

144

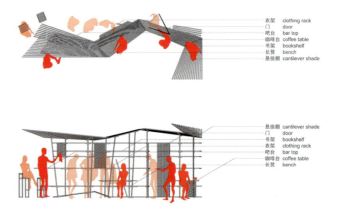

衣架 clothing rack
门 door
吧台 bar top
咖啡台 coffee table
书架 bookshelf
长凳 bench
悬挑棚 cantilever shade

悬挑棚 cantilever shade
门 door
书架 bookshelf
衣架 clothing rack
吧台 bar top
咖啡台 coffee table
长凳 bench

4

751展览的装置设计

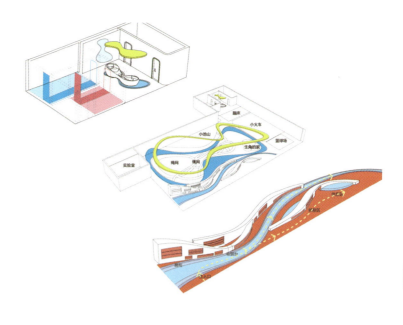

透视分解图

北京：2013年6月完成的"Shatan/沙滩"，位于故宫旁边的四合院；2013年5月完成的"Mitty Jump/米蒂跳"，地处望京的儿童游乐会所；2013年9月完成的"Floating Space/悬·空·间"，751展览的装置设计。

elevationworkshop.com

设计师的重点在于深化概念并对空间、灯光、色彩及玩具设施的整体布局进行合理安排

住宅

在新旧建筑交接处，对现代建筑的屋顶进行了
抬起、推挤和大面积天窗的设计

"我们的合作建立在相互的信任和支持基础上。同时，拥有不同的背景，让我们能在设计工作中互补互助。"

改造前的庭院

Lignt Sir光先生

张存光认为在北京机遇与挑战并存，
对设计师来说是不能割舍的地方。

文字 叶玮
图片 阡陌驿行

张存光是一个热爱生活专注设计的人，在他的作品中能看到豁达、随性的因子，他还有另外一个名字Lignt Sir。他于2002年在北京创立了阡陌驿行，同设计行业精英共同组建的这个空间设计研究团队的理念是创新的设计思想、优质的设计精神、丰富的设计经验和顾客至上的态度。张存光很忙，只有晚上才能抽出时间完成采访，从这方面来说阡陌驿行确实很成功。

阡陌驿行这个名字有没有特别的含义？

张存光：纵者为"阡"，思维多元、贯通天地；横者为"陌"，横贯东西、创意无限；"驿"为驿站，停靠驻足之地；"行"为行走、奔跑。"阡陌驿行"意在通古博今，以小见大、以点代面。时下，人们更在乎通达便捷，向往田园的幽静与清新，志在有限空间创造无限纵横之路，行于其中，怡然自乐。

它下设的阡陌室内设计事务所和驿行设计事务所工作内容是否有所不同？

"阡陌室内设计事务所"主要从事办公、餐饮、酒店、休闲娱乐空间及高端会所的室内空间设计，是"阡陌驿行"的核心部分，与"阡陌"立意吻合；"驿行设计事务所"将设计转化为现实，让完美空间得以实现，主抓施工。

你认为哪个区域最能展示北京面貌？

什刹海区域，那里有古老的建筑和胡同，诉说着这个城市的历史与文化；那里有闲适的酒吧曼妙的旋律，让放逐的心在这里净化；那里有八方的来客，拉近了地域的距离。

在北京从事设计工作的特别之处在哪？

在这样一个国际化的城市里，机遇与挑战并存。这里有设计资讯的前沿动态；有政府对创意产业的

Mrs.Fields荣祥广场店注重空间整体色彩把控以及休闲舒适性

"对热衷于设计的设计师来说，北京绝对是不能割舍的地方。"

I-COOFFE整体色调以中性灰色为主，配以原木色家具及局部原木天花，舒适、自然

由于空间相对有限，设计师将曲奇展示区、收银区、出餐区、咖啡饮品区以及饼干烘焙区归纳为一个大的区域

大力扶持；有享誉世界的建筑及室内作品；有多元文化的密集交织；再加上众多为了设计与创意痴狂的人们。对热衷于设计的设计师来说，北京绝对是不能割舍的地方。

北京的室内设计行业前景如何？

随着城市建设的飞速发展，建筑装饰行业近几年迅速崛起。北京的发展有目共睹，创意产业也得到了空前的重视，已经渗透到各大领域。而室内设计是建筑装饰的灵魂，又是创意产业的一个分支，因此他的位置毋庸置疑，行业前景可观。

ccdde.com

四季民福烤鸭店的色调氛围尽量贴
近淳朴，大面积使用了从建筑中回收
的老榆木

北京当地五个最爱

聚集地 798、751地区
最佳旅游地 旧城胡同
建筑物 新改造完的前门建筑群
纪念品 故宫文化创意礼品
三个词概括北京 文化, 包容, 新生

节器系列花器

吴其华（左）和刘轶楠

室内建筑师

挖掘空间对家具的真正需求, 吴其华（吴为）
认为产品设计是对室内设计的延展。

文字 叶玮
图片 屋里门外/力透设计

吴其华（吴为）称自己为室内建筑师, 由建筑思考室内, 让空间影响室内家具, 在过去15年中他由室内设计延展至产品设计, 完成了对设计完整性的把控, 也丰富了空间设计的内涵。他在2004年创立了北京屋里门外（IN•X）设计公司, 2009年开始与产品设计师刘轶楠合作推出了原创设计产品, 并于2011年顺理成章地成立了北京力透（LEXTO）产品设计中心。

吴其华和吴为, 现在称呼你哪个名字比较妥当?

吴其华: 平时会使用吴为, 也是自己对无为的理解, 无所有为, 无所不为。

为什么选择在北京创办工作室?

从十几年前来到北京, 一直生活工作在这个环境下, 已经习惯了这里, 也就自然而然地在北京落地生根了。

在北京从事设计工作的特别之处在哪?

从事设计工作倒是没有什么特别之处, 只是更加喜欢北京的环境氛围, 没有那么重的商业气氛, 人情味儿更浓。

是什么促使了你和设计师刘轶楠的产品设计合作?

对于我们来说, 产品设计是对室内设计的延展, 我和轶楠的合作也是自然而然地继续延伸。我在十多年室内设计工作中积累的经验, 让我能够更加清晰地了解空间对家具的真正需求, 而轶楠多年来的媒体工作经验让她接触到了最前沿的产品设计信息, 也非常熟悉后期产品销售的市场, 整合我们双方的专业背景与设计经验, 我们在产品设计上也走出了自己的方向。

如今室内设计和产品设计哪方面是你工作的重心?

室内设计一直是我们的专业方向, 屋里门外的客户也相对比较成熟与稳定, 产品设计对于我们来说还是刚刚起步, 所以会更加用心对待, 我们不追求快速发展, 希望能够踏踏实实地真正做出好设计。

请比较北京室内设计和产品设计的前景

从我们自身来说, 室内设计一直是比较稳健的发展, 未来也会是越来越成熟的市场, 当然竞争也是会更加激烈。产品设计方面的话, 目前市场正是发展的上升期, 从原创设计到设计服务来说都会有很好的空间, 生产者和消费者对产品原创设计的接受度越来越高。

inxid.com

"北京的环境氛围没有
那么重的商业气氛,
人情味儿更浓。"

在包房隔门的处理上,将原本经典的
造型以传统瓷瓶的剪影形式呈现

在色彩控制上，整个空间被饰以稳重的暖色调，配合局部光源的处理，给人以亲切温馨的视觉体验

素元"明"系列餐桌椅，选用美国黑胡桃木制作，全榫卯结构，功能实用，搭配灵活，中式风格与现代审美趣味融合，更适于现代家居环境使用

产品

还淳返素
元元本本

素元人热爱生活，积极思考，承诺认真、用心度过生命中的每一天，并以同样的态度面对客户和每一个人。

文字 **李素梅**
图片 **素元设计**

北京当地五个最爱

聚集地 胡同
最佳旅游地 司马台长城
建筑物 潭柘寺
纪念品 小二
三个词概括北京 地大，繁忙，快速

素元创意机构由一群充满灵感和活力，热爱创造并富有社会责任感的多元化专业人士组成。团队成员均在设计界从业十年以上，并获得过德国红点设计大奖、IF设计奖和多项国内外设计奖项。机构由素元设计、素元原创家具、素元木做培训三个独立部分构成。

武巍，德国红点（Red Dot）设计大奖获得者；原方正集团设计总监；曾任英国皇家艺术学院研究生项目指导。2010年底创立素元创意机构和素元品牌，致力于原创家具和家居产品的设计与制作。2011起开设素元木作培训，向社会大众系统地传播木工木做知识和技法。

素元设计是如何开始的？

武巍：大概三年前，开始思考自己未来的方向，希望做一份可以一辈子坚持下去的事业，于是从

素元团队，设计成员均有德国红点、IF奖等获奖经历，充满灵感与活力

素元"明"系列条案，造型古朴简洁，圆润优美，其支
撑方式汲取了明式霸王撑的结构形式坚固而稳定

素元"明"系列榻，从传统明式家具中提炼关键的特征
要素进行简化和再设计，在现代简洁与中式厚重间取得
了良好的平衡，使其更符合现代生活的起居要求

企业中退出，在因缘聚合下，找到了理想的空间和团队，这就是素元设计的开始。

素元设计横跨多个领域，在不同的设计中，你们的设计团队是如何协作的？

我们的团队具备各自的专长和特点，过去十几年我们总结的方法论是如何通过团队合作最大化的发挥每一个成员的特点并对项目做出贡献，因此每个项目的团队组成也都是跨领域的。

不同的设计之间，是否存在统一的设计思想或者风格？相互之间是否有联系？

对于为客户进行的设计项目来说，我们并不会设定风格，而是会针对客户自己理念的想法，我们通过专业的手段为客户产品和品牌，因为我们的设计服务是具有惟一性的，为一个客户的针对性设计仅仅适用于此客户。

最近在进行什么项目？

最近在做的是为一个保健品品牌进行品牌梳理，会帮助其通过注入新的理念、新的产品形态和整体视觉系统打造全新的品牌形象。

素元设计每年都会进行一个社会公益项目，今年的社会公益项目是否已经开始？可以详细地描述一下吗？

今年的公益项目是为一所幼儿园设计并搭建了公共厕所空间，由于此学校的厕所过于简陋并且非常的不人性化，于是我们进行了全新的空间设计，并资助了其中所有材料和施工。

如何看待北京当下的设计景象？

设计逐渐成为北京最为重要的一个部分，设计人才不断地涌现，也充满了各种机会与诱惑，这就更需要设计师静下心来排除外界的干扰，思考为什么要做设计，设计的本质是什么。对我们最大的挑战就是要耐住寂寞，不断深入地去挖掘使用者的内在需求，坚持用对设计负责、对自己负责的态度去创作，一定能在北京有大作为。

这座城市对你们的设计是否有所启发？

设计的灵感来自于对生活、对爱的积累，而我们生活在这座城市中，这里的古迹、发生的故事、普通老百姓的生活都给我们带来了很多的养分，我们在感受着大城市的快速变化，也时刻在思考着作为设计师能够为它做些什么，希望我们和城市之间能够产生更多的交互。

thrudesign.com

方正家用台式电脑PI规划设计，主机机箱是设计
语言传达的核心

圣宁油高端礼品包装设计，在传统风格和现代风
格间取得巧妙的平衡，有力地传达出客户"古方
今用"的产品理念

伊斯坦布尔

伊斯坦布尔是地跨欧亚大陆的城市，它不只在一方面处于尖端地位。

文字 Shonquis Moreno

的机会

Indescribable!

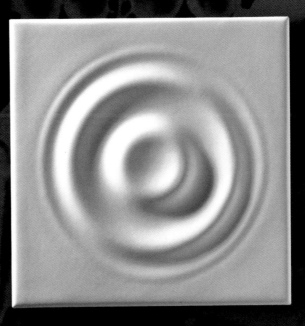

Turkey produced ceramics long
before the written word.

数字
伊斯坦布尔

伊斯坦布尔是土耳其的经济、文化和历史中心，是一座不断发展的大都市。

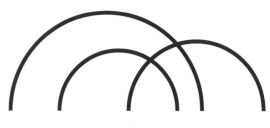

2010

指定的欧洲文化之都

69

2009年拥有69座博物馆

公元330年

更名为君士坦丁堡。当时作为罗马、拜占庭、拉丁和土耳其这四个帝国的首都

10000+

17世纪，接待宾客的土耳其浴室超过1万家，这个传统一直延续至今

13.6

2012年共有1360万人口

5343

城区面积5343平方公里

2944

至2009年已有2944座清真寺

1000000

100万件文物被安置在这个城市的
各大博物馆

61

61条大街覆盖了世界上最大
最古老的大巴扎

2020

伊斯坦布尔是2020年奥运会候选承办城市之一

公元前660年

拜占庭是伊斯坦布尔建立的标志

2004

现代艺术博物馆在贝伊奥卢区开馆

伊斯坦布尔的塞拉大道在一天内的某些时段，单行道可改为双向车道，让驱车前行变成固执、乐观、战术和野心的考验。伊斯坦布尔跨越海洋和高地，是融合了世俗和宗教的城市。这里1360万居民深受严重的交通阻塞之苦，人民生活仍旧拮据，物价却不断上涨。今秋全国首个设计双年展总监Özlem Yalim Özkaraoglu认为混沌和机遇在这座城市不仅并存，还被推向极端，恰如复杂的巴别塔。

自去年起，游客可以通过极简主义风格的入口，免费访问19世纪中期的华丽大楼里伊斯坦布尔最新文化机构Salt。Salt含义不是调味料，而是代表"纯洁、质朴、赤裸和纯粹"，是现代设计扎根在伊斯坦布尔的大事件。设计师为Salt的两幢历史建筑植入不拘一格的室内设计和顶楼花园。大楼本身就代表了没有什么不能打破的规则。Salt总监Vasıf Kortun表示："没有什么是固定不变的，只是要平衡当下的实际和努力要达成的实际。"

实际上，土耳其人常常是自己土地上的外人（比如要喝到土耳其本国咖啡非得专门点单不可），在别处倒很自在。这并不奇怪，如今日新月异的土耳其国内仍有残存的奥斯曼遗迹，但其实和过去没有清晰的界限并不是一件坏事。芝加哥籍的土耳其设计师Defne Koz认为："土耳其有强烈的视觉传统，很多土耳其的设计师却将它'代谢'掉了。大多数的土耳其设计师是生活在全球化浪潮下的知识分子，奥斯曼和共和国属于过去。"尽管Koz承认欣赏学习和理解传统的重要性，但未来是另一回事。

SUPERPOOL工作室将商业楼宇作为一系列最新测绘项目的重点，探索伊斯坦布尔基础建设。

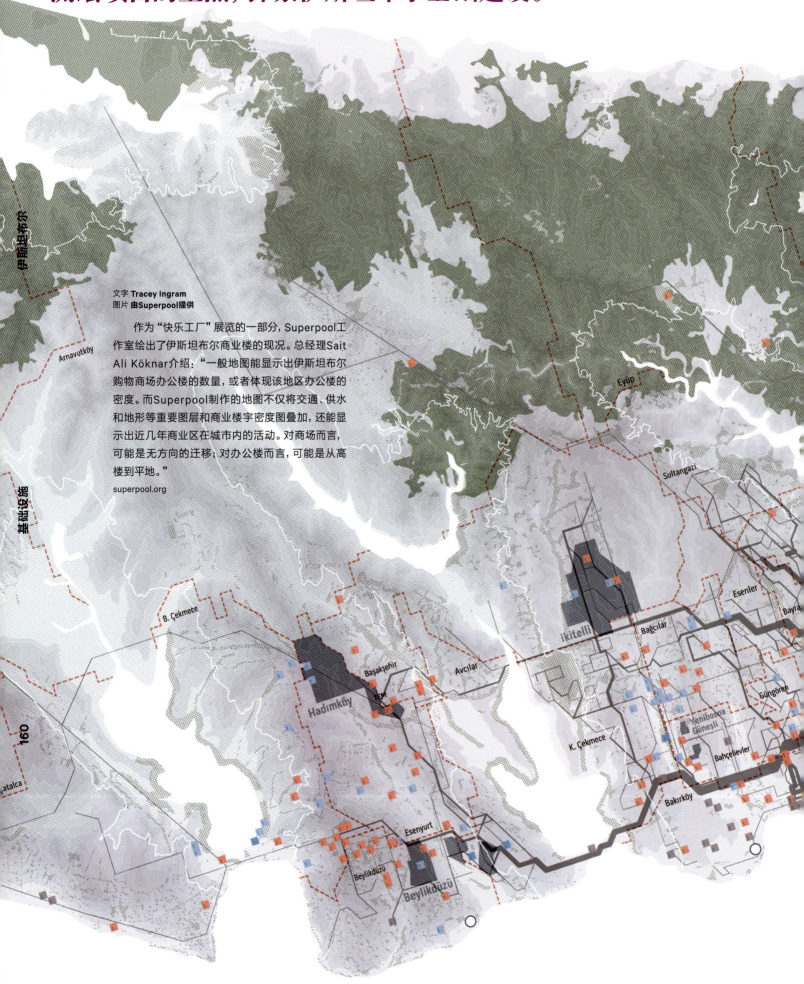

文字 Tracey Ingram
图片 由Superpool提供

作为"快乐工厂"展览的一部分，Superpool工作室绘出了伊斯坦布尔商业楼的现况。总经理Sait Ali Köknar介绍："一般地图能显示出伊斯坦布尔购物商场办公楼的数量，或者体现该地区办公楼的密度。而Superpool制作的地图不仅将交通、供水和地形等重要图层和商业楼宇密度图叠加，还能显示出近几年商业区在城市内的活动。对商场而言，可能是无方向的迁移；对办公楼而言，可能是从高楼到平地。"

superpool.org

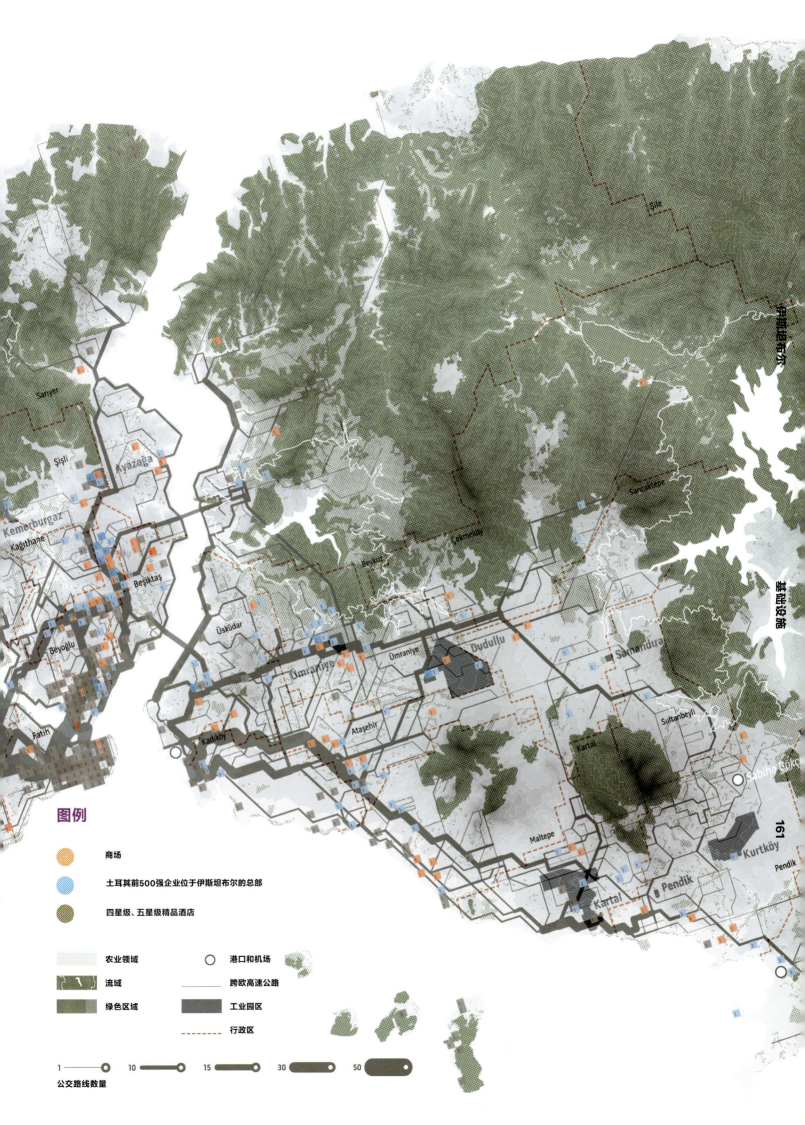

基础设施

161

图例

商场

土耳其前500强企业位于伊斯坦布尔的总部

四星级、五星级精品酒店

农业领域

流域

绿色区域

港口和机场

跨欧高速公路

工业园区

行政区

公交路线数量

1　10　15　30　50

Sarıyer
Şişli
Ayazağa
Kemerburgaz
Kağıthane
Beşiktaş
Beyoğlu
Fatih
Üsküdar
Kadıköy
Ümraniye
Ümraniye
Ataşehir
Beykoz
Çekmeköy
Dudullu
Samandıra
Sultanbeyli
Sancaktepe
Şile
Maltepe
Kartal
Kartal
Pendik
Kurtköy
Pendik
Sabiha Gökç

伊斯坦布尔的建筑师 EMRE AROLAT 表示，土耳其主办设计双年展的准备"不充分"，恰恰就是它已准备就绪的原因。

图片 由IKSV提供

土耳其首届设计双年展的主题是"缺陷"。设计思想家和双年展董事会成员 Deyan Sudjic 以一种卡尔维诺式风格，将伊斯坦布尔描述为"完美的不完美"城市，从新鲜的角度展现传统观念。联合策展人 Emre Arolat 是获阿卡汗建筑奖殊荣的建筑师，他的球形立面国家档案馆大楼将于年内完工。他的很多展览被称为 Musibet，在土耳其语中是"灾难"或"磨难"的意思。在某种程度上，他成功地利用伊斯坦布尔为例子来对城市转型提出质疑。他对单一解决方案的拒绝，很可能得到卡尔维诺的赏识。

为什么说伊斯坦布尔已为双年展做好准备？

Emre Arolat：伊斯坦布尔与世界各地知名的"设计城市"相比，完全是另外一个世界。Deyan Sudjic 提到"缺陷"，是一个非常适合当代色彩的城市主题。伊斯坦布尔是一个多层次的、生气勃勃而又失控的城市，是你上一分钟信心在握，下一分钟它却逃之夭夭的城市，是被狂风扫荡的城市，是个不能驾驭、状态失衡的城市。在这里，新的想法无时无刻不在涌现，奇思异想每天横空而出，比如城市转型和海峡大桥的想法，被迅速采纳又被迅速实施。新视野、新标准和新法规应运而生。

在这片大地上进行着某种形式的探索，位置、处境和物理环境有着不断改变的倾向。这种探索难以置信得快速释放着前所未见的能量，看似荒诞不经地让城市欣然大跨步走过可能是在其历史上最危险的时期之一。我所描述的现象，也是世界上许多艺术家、哲学家、研究人员、设计师和建筑师的共识。伊斯坦布尔不是典型的"设计城市"，它能为双年展和自发设计活动主动让位，并提供良好的环境。

你认为是什么激发了设计在土耳其的发展？

由资本主义生产和消费的机制触发的现代设计渠道，在中欧工业革命后加速扩张。在此期间，土耳其仍然自我封闭，人口结构上农村高于城镇。20 世纪 50 年代之后，迁移率迅速增加，短短的几十年间，农村城镇人口比例逆转。在以传统主义为根基更为保守的东方和以先锋形象示人的西方之间，城市成长的几代人开始创造自己混合独特的文化。每隔十年就会发生的军事革命，创造了非政治性的大背景，使中断的民主制度逐渐被接受。

20 世纪 80 年代后期，中央政府的孤立主义政策已经走到了尽头，政府意识到全球一体化的自由经济体制较其他社会形态更为先进。公众长期暴露在资本主义的刺激和催眠作用下，以羡慕的眼光投向世界其他国家，政府的改革立刻得到了公众的支持。由此产生的文化基础设施建设，比以往任何时候都更以城市为中心。未知的力量让这个文化平台向多层次发展，这使得 60 年前社会学家 Theodor Adorno 提及的'文化产业"在土耳其姗姗来迟。世纪之交时，多层次发展愈发激烈，尤其是体现在像伊斯坦布尔这样的综合大都市，引起了不同层次文化的碰撞。这种碰撞极大地丰富了当代艺术渠道，并将伊斯坦布尔转化为一颗耀眼的明星。

作为双年展开幕的联合策展人，你希望给访客带来什么样的土耳其设计？

我主要思考的并非是国际游客将如何看待土耳其设计，也不是将土耳其设计介绍给当地居住人民。在我看来，双年展不仅仅是设计展或者设计节，我想通过展示伊斯坦布尔的宏大变革和土耳其设计的演化过程来激发访客思考。希望能展示中央政府是如何在设计和建筑上表现的强大权力，设计师又如何成为这项权力的代理人。我想解决贫困城市创新和发展的问题，以及像伊斯坦布尔这样的综合大都市遭遇意外变化时，可能会有的不成熟反应。总之，旨在唤醒访客对人类社会与物理环境的思考，而不是被光鲜设计夺去了目光。

iksv.org

"这可能是伊斯坦布尔历史上最危险的时期之一。"

Sefer Ça lar (左) 和 Seyhan Özdemir
图片 由IKSV提供

通过将传统审美与现代西方风格结合，AUTOBAN 工作室把伊斯坦布尔推向了国际设计舞台。

文字 **Türkü ahin**
图片 **Bülent Özgören**

Autoban 工作室位于伊斯坦布尔充满活力的贝伊奥卢区，来此造访的时候，我看到一群人围坐在桌前苦思冥想着。要用一个词形容合伙人 Seyhan Özdemir 和 Sefer Ça lar 的工作方式，那一定是"活力四射"。他们在 2003 年建立了这个多产的公司，他们认为自己的活力源于伊斯坦布尔本身新与旧、传统与现代文化的交融。

Özdemir 和 Ça lar 的设计理念建立在城市的传统审美基础之上，他们共同在伊斯坦布尔 Mimar Sinan 大学学习，这所大学以伟大的土耳其建筑设计师命名。Eames 和 Le Corbusier 遵循大社会建筑环境，并创造了新的，但本质上又非常具有当地特色的东西，包括全新的土耳其面包房和咖啡厅，更不用提最近为土耳其航空公司重新设计的候机厅。

在工作室里，我想要看看他们背后的故事。

谈谈你们的工作流程。

Seyhan Özdemir：我们并不以最终建筑结果为导向，而是关注设计如何去发展。在非建筑项目中，我们会制造一个建筑环境，然后逐渐丰满它。对于新的建筑结构和材料，我们会做很多尝试，因为实验可以带来新的灵感。通常我们以自然元素为材料，比如木材或石材，而这个过程会随着设计理念的改变而不断完善，同时客户需求也在不断变化着。我们拒绝过多的装饰，并突出空间内部主要的组成地面、墙体以及天花板，或许你可以说，这是一种现代设计理念的表达方式。

Sefer Ça lar：我不会把我们的品牌和任何一种设计联系在一起，尽管我承认，包豪斯是当今设计界的奠基人，他提倡的理性且务实的设计理念永远都不会落伍。当然，新的科技可以满足新的需求，我们重视土耳其当地的生产，也关注本土的制造商。虽然有时新的科技会带来麻烦，不过绝大多数的时候，引进创新技术还是能够带来自然且意想不到效果，这真的很赞。

你们也善于使用跨界的工作方式。

SO：在大学中做不同项目的时候，我们一直都用小结构实验。如果将家具放在与其不相配的环境中，它会变得和你想象的完全不一样。

Frank Lloyd Wright, Le Corbusier 以及 Mies van der Rohe 设计了和他们建筑奇景 ...

伊斯坦布尔

Anjélique，一个俯瞰博斯普鲁斯海峡的餐厅、酒吧和夜店，其复杂的木质格板给了原有的墙体第二层皮肤

去年Autoban工作室在伊斯坦布尔的设计区阿卡雷勒开设了它自己的家具展厅，De La Espada制作了大部分的品牌产品

... 相配的家具，因为他们必须这么做，这正是为什么设计要面面俱到的原因之一。我们设计的家具是内部装饰很重要的元素，它给空间带来标记，也可以被看作是在小范围内自我表达的方式。

Autoban 工作室本地的基因有什么？

SO：Autoban 的设计态度源于我们所受的教育，在 Mimar Sinan 艺术大学，我主修建筑，而 Sefer 主修室内设计。我们学习了如何融合设计理念并将其发展成一个多视角的设计，那里的教育成了我们性格中的一部分。例如在我们的家具作品中，你能看到微型建筑。我们喜欢这样的理念，并使它成为我们审美中不可或缺的一部分。

那国际的基因又有什么？

SO：在建筑与设计史中，建筑大师 Bauhaus、Le Corbusier 以及 Mies van der Rohe 是我们重要的灵感源泉。我们热爱 Oscar Niemeyer 设计的外形和结构，以及 Carlos Scarpa 的细节处理。这些人就好比打开建筑地下室的钥匙。

自从你进入这个行业，本土的设计界发生了什么样的变化？

SC：我们很高兴地看到，新一代设计师比当初的我们更加热情。当然，我们是那一代少数登上国际舞台的土耳其设计师。回头看以前，和今天的土耳其设计行业比较，我看到了很大的改变。现在几乎所有大学都有设计学院，这说明对于设计的认识得到了发展。人们更多产，行业也在进化。你可以看得出土耳其不仅仅是个重视制造的国家，它也开始重视设计和品牌。新一代充满了活力，而且不仅仅是个人，政府和产业也扮演着非常重要的角色，所以在国际舞台上，有一席之地是理所应当的，因为国际化的设计方式理应是我们需要关注的。我觉得伊斯坦布尔现在的状态预示了很好的前景。

伊斯坦布尔的卖点是什么？

SC：很显然是它的活力。我们都知道土耳其是一个开放的国家，从地理和文化的角度讲，它是欧亚的结合体，这种多样性使我们和全世界任何一个国家都不相同。

设计是如何塑造这个城市的？

SC：我可以给你两个例子，来说明为什么我们在这里取得了成功。在土耳其，小咖啡馆是我们文化的一部分。人们到那里攀谈、饮茶或者喝土耳其咖啡。在国外不同国家旅行的时候，我们花大量时间研究咖啡馆和餐厅，然后思考如何将它们融入现代化的城市生活。House Café（现为 12 个受欢迎的连锁咖啡厅之一）就是这样诞生的，然后我们与 Komşufırın（连锁面包店）合作，它的名字在土耳其语里的含义是"面包师邻居"。土耳其传统城市文化中，每条街上都会有一个面包店，Autoban 工作室将面包店与传统商店结合，使其可以满足现代城市生活的需要。下一代无法体验我们曾经的面包店是一件憾事，所以为什么不用另一种方式使它们重现呢？

autoban212.com

MAM工作室为清真寺设计的现代装饰包括清爽的色调，以及一个电子祷告时间表

不受桎梏的建筑师将伊斯坦布尔的地标清真寺注入新的生命。

图片 Engin Gerçek与
Aras Kazmaoğlu (Studio Majo)

清真寺

伊斯坦布尔宜家附近的高速公路交汇点周围，两个由大理石构成的不对称半球跃入人们的视野，好似秋分后的满月一般。独特的清真寺Yeşilvadi Camii由来自MAM工作室的设计师Adnan Kazmaoğlu设计，这是他在过去六年中设计的众多清真寺之一，这个最新的作品有着未经修饰的线条，在周围老旧的环境中熠熠生辉。建筑外部的钢筋圆柱环抱尖塔；内部金色的文字如同星云一般排列在建筑穹顶；入口处纤细的LED灯像丝带一样延展开来，这里可以显示祷告的时间表。

Kazmaoğlu说，在十年前由客户委托建造设计一个像这样的清真寺是完全不可能的。"多年来，建筑设计师都很难在推进现代建筑形式上有所作为，清真寺不是建筑设计师会学习的课程，甚至不会出现在大学的课程中。"

原始的清真寺是以穆罕默德在麦地那的房子为原型，但并没有规范、宗教或者政府来限制它的设计。一个清真寺必须面向东方，必须要有一个尖塔、一个壁龛和一个宣教台，同时要像一个村镇广场一样，发挥社区中心的作用。除此之外，建筑设计师可以自行发挥。绝大多数在过去一百年内修建的清真寺都是由钢筋混凝土制成的，它们模仿了15、16世纪的土耳其石砖结构。

建筑设计师Emre Arolat设计的Sancaklar清真寺，将于明年开始兴建，也遵循着同样的理念。在Sancaklar清真寺中，他剥离了传统清真寺的纷繁装饰，回归宗教空间的本质。这个毫无外立面装饰的清真寺镶嵌于山坡之上，由路人难以察觉的相互交错的平面构成，形成一个六米长的天篷。清真寺内部的

精神领域

没有正式的城市规范，也没有先知的言行典范（Sunna和Hadith），伊斯兰律法和教义也不能用来规范清真寺的设计。建筑师必须要注重清真寺的功能性，由此而勾勒出一个寄托信仰的社交空间。

墙面未经琢磨与修饰，仅由不同的水池对其进行柔化，同时露台天花板和朝觐墙接合的位置散射出自然光线，营造出超脱尘世的氛围。Arolat说道："实质上在许多方面它都很朴实。"可绝对不会感觉到！

studiomajo.com

伊斯坦布尔的Sirkeci火车站是昔日东方快车的东部终点站，沿着火车站旁边的小路一直走，你会听到野狗的吠叫，并看见一堵老旧的砖墙，HodjaPasha文化中心就矗立于此。经过来自GMG IN/EX建筑事务所的设计师Serhan Gürkan一番精心改造，文化中心变成了可以举办当地特色舞蹈活动的地方。这座建筑建于15世纪70年代，550年来一直作为Hoca-pasa浴池。这里拥有两个浴池，石砌的屋顶呈圆形，角墙被设计成扇形散开，就像孔雀开屏一样，以前在那里男女可以分开沐浴。

在建筑物原本的穹顶和郁金香形拱顶的基础上，Gürkan又添加了宝石色调的瓷砖、金银细线描绘的灯笼、印压塞尔丘克图案的混凝土以及六角形的架子。奥斯曼帝国时期的抽象图形让整体建筑更具现代气息，Gürkan的装饰既富有历史底蕴，又紧跟时代特色。

Gürkan回忆说："我试图还原建筑的每一个细节，但建筑保存的状态不甚良好。20世纪80年代后期以来，这里就变成了一家便宜的茶馆，而入口处则是用来烤肉的，想想那些油迹和污垢就不难推断建筑的情况了。"建筑师将近年来添加在建筑上的部分拆除，还原到原始的样貌。

18世纪中期土耳其浴池的兴盛曾耗尽城市的水源和木材，但如今完好保存下来的却所剩无几。伊斯坦布尔的历史建筑，包括浴池和木屋，都必须按照严格的要求进行修复，因此买家付出的成本也相当巨大，而获得市政府甚至历史保护区的批准也要历时数月之久。因此，许多土耳其浴池的修复工程并没有进展得很好。

除了几处精选的土耳其浴池外，伊斯坦布尔许多浴池修复工程都进展得不甚良好。

图片 Ercüment Çalislar

除了成功改造成文化中心之外，另一个成功典范就是Karkoy'sKılıç Ali Pasha浴池了，经过建筑师CaferBozkurt的改造后，它还将作为浴池于今年重新开放。去年，Sinan'sHagia Sofia浴池经过精细翻新，复原了埃舍尔式木制楼梯、多彩的大理石休息平台和粉饰一新装饰得美轮美奂的墙壁。

gmginex.com

Serhan Gürkan将古老的土耳其浴池改造成HodjaPasha文化中心，用来举办具有当地特色的舞蹈表演

一处原本被弃置的酒店"骨架"，经过纽约REX建筑设计公司的改造，被贴上"肌肉"，重获生命，焕然一新

建筑

REX建筑设计公司采用世界一流的技术，结合特殊工艺，打造出夺目的Vakko时尚中心。

图片 Iwan Baan

位于土耳其于斯屈达尔拥有 110 年历史的 Abdül-mecit Efendi Kö kü 附近，坐落着土耳其最大型的时尚建筑，如今已经成为当地最为现代的时尚总部。古时奥斯曼帐篷由整齐平行的格子包围而成，Vakko时尚中心由一组透明盒子错叠构成，新旧对比强烈。

Vakko 时尚中心由纽约 REX 建筑设计公司设计，主要包括两大结构元素，首先是矩形的三层楼框架，其次是从天花板垂至地面的 X 形钢架，这种 X 形钢架可以增强玻璃的强度。在建筑物内部中心的空隙位置插入了一个六层高的钢架框，钢架以不规则角度倾斜，这里就是 Vakko 的办公室。这些结构空间外围由玻璃嵌板包裹，散发出耀眼的光芒。而作为 Vakko 的姊妹公司，被称为"土耳其 MTV"的 Power 传媒则利用地下室作为其办公的场地。

在 REX 建筑设计公司接手之前，这里只是一栋被废弃的酒店。在授权进行工程设计的四天内，设计公司就决定采取与加州理工学院早前一致的设计方案，整个改造项目历时 13 个月完成。

这栋建筑从 2008 年开始动工，直到 2010 年完成，在这期间建筑师 Prince-Ramus 发现这个国家达到了工业革命的后期阶段，这使得土耳其在拥有水准一流、造价低廉的建筑技术的同时，也拥有即将消失的手艺工匠。他说："总之你现在在土耳其能完成的事情，在世界其他地方都完成不了。"比如，热弯玻璃幕墙是由 196 块玻璃板组成的，这在其他地方都制造不了，因为第三世界国家不具备选择性冷却和折弯的技术，而第一世界国家缺乏精确操作冷却模具的技工。

Vakko 时尚中心的建筑钢结构外部可见，在这个耀眼的"大盒子"内有作为会议室的三层夹楼。REX 建筑设计公司与当地的 Autoban 公司进行了内饰方面的设计合作，合作范围还包括一间图书馆。这间类似于奥斯曼帐篷的图书馆曾提前对预约的公众开放。如今，大学在校生和国际视觉文化的学者都有机会阅读限量版书籍和超大开本的文献资料。馆员的工作颇为简单，就是购置一些大众的摄影、雕塑、时尚和家具类的书籍，同时订阅一些人们无力负担的珍贵书籍。

在伊斯坦布尔，REX 建筑设计公司改造的这栋建筑颇具现代感，第一眼看上去它并没有什么土耳其风味。建筑师却笑着否认："外墙是只能在土耳其发生的机会主义的设计；在已有的酒店'骨架'基础上进行重造的背后是当地发展经济因素在推动；尾房再利用又巧妙地呼应了拆除尾房的决策。从这个角度来看，这个项目就完全'土耳其化'了吧？" —

rex-ny.com

171

在建筑物内部中心的空隙位置插入了一个六层楼高的钢架框，钢架以不规则角度倾斜，这里就是Vakko的办公室

Angelique 的设计与其他相比，没有什么不同之处。这里有个露台，但是封闭的空间区域还是比较大的，我决定运用反射的原理为入口的地方带来更大的视野。我采用了金黄色的色调，使周围房屋在夜晚能让人感受到宝石的光彩。博斯普鲁斯海峡一直给我巨大的灵感启发，这就是我如此庆幸是在伊斯坦布尔出生并长大并能有机会在这里工作的原因。

在博斯普鲁斯海峡周围进行建筑设计时，有什么受限制的地方吗？

随着土耳其共和国变得更加文明，获取工作许可也变得越来越困难，但我认为这种情况是具有正面意义的。博斯普鲁斯海峡确实很特别，在这周围做建筑设计的确有些限制条件，这是毋庸置疑的，因为它是需要被保护的对象。夜店有它特定的顾客群，我们需要尊重周围的居民，避免制造噪音去干扰他人的生活。

你对新一代的设计师有什么忠告吗？

我不太喜欢给别人什么忠告，因为设计师需要的是支持，并不是建议。强烈的个性通常会起到帮助作用，如果你要问我个人成功的方法，我可能要感谢在伊斯坦布尔圣佐治奥高中所接受的严格教育，同时在大学学习的建筑课程，也为我打牢了艺术基础。我会将逻辑、专业和创造结合起来，并将其反映在作品中。我设计过的地方经营得还不错，而且这些地方越来越受欢迎，我想这其中是有联系的。

geomim.com

GEOMIM事务所以博斯普鲁斯海峡为背景，在过去十几年中给伊斯坦布尔塑造了一个剧场般的夜生活场所。

文字 **Türkü ahin**
图片 **Bora Subakan**

在过去的十年中，伊斯坦布尔的夜生活已经充分融入了设计的元素。只要问问当地人，他们就会告诉你，他们有多喜欢在夜幕降临后徜徉在设计独特的场所。只要问问设计界的人士，他们就会一致推举 Geomim 设计事务所，Geomim 是一家以夜店设计、大型酒店设计和购物中心设计项目闻名的设计事务所。Mahmut Anlar 是这家公司的创始人兼首席设计师，他认为之所以 Geomim 的内饰设计如此成功，是因为他们重视人在空间中的重要作用。Mahmut Anlar 说："这就像设计剧场一样。"

你当初想要成为建筑师，但现在却主要从事室内设计的工作，为什么会有这样的转变？

Mahmut Anlar：我不能说在这条转变之路上一帆风顺，但我认为要朝着这个方向走下去。我所有的项目都是更注重内部设计的，比如和 Ora 商场的合作，我就是负责室内装饰。我从来没有接过完全不和室内设计沾边的建筑项目，反而接过很多和建筑结构无关的内部设计项目。

你是因为酒吧和俱乐部的设计而被人所熟知的，为什么夜生活的设计项目成了你的重心？

我想这和我的个性有关吧，我喜欢被人注意到。我设计过的空间多多少少都有些特点，像剧场的某些

部分。其实每一处设计都需要严谨的研究过程，我们仔细研究过客户与室内设计的关系，同时食物甚至播放的音乐类型都是需要处理的细节。

你怎么能使设计不被博斯普鲁斯海峡的背景所掩盖？

我一直很喜欢博斯普鲁斯海峡，我把它当作一间屋子中漂亮的一幅画。当设计时尚的东西时，我会保持装饰简洁干净，以突出这个海峡所带来的光芒。这要说回 1996 年的时候，最时髦的设计就是限制最少的设计。

伊斯坦布尔

Mark China

日本住宅
打破常规的7种方法

MARK国际建筑设计

伦敦的定海神针

感受太平洋上的冲浪

架构虚拟世界

为黑手党设计

杂志网址 www.markchina.net

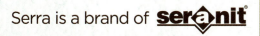

178

飞利浦
创见家的感动

Reports
报道

184
照明
解决方案

时尚炫彩风格

报道

光，创见家的感动

飞利浦携手顶级设计师，上演未来家居灯光创想秀。

文字 李素梅
图片 荷兰皇家飞利浦公司

　　飞利浦照明在上海 800 秀场上演了一场以"光，创见家的感动"为主题的未来家居灯光创想秀，通过多元化的灯光设计风格生动地展现了如何通过有意义的照明创新让家焕发光彩。三位知名室内设计师张毅、颜呈勋、欧阳辉受邀，通过搭配飞利浦家居照明最具代表性的产品，创构了现代极简、时尚炫彩、新古典主义三个风格的家居空间实景展示区，并与现场嘉宾分享了创意过程和设计理念。

　　家庭居住环境已经成为体现生活质量的基本条件之一，灯光设计是其中不可取代的重要组成部分。针对不同使用者对家居装饰和照明的不同需求，三位设计师在现场打造的贴合三种家居风格的情境化照明场景，为不同人群提供了具有启发意义的设计参考。

　　现代极简风格——在张毅创构的现代极简风格空间中，照明设计简单纯净，光色明净柔和，摒弃了

一切繁文缛节。移步其间，造型极简、线条流畅、现代感十足的飞利浦 LED 灯具带来了耳目一新的视觉体验：空间采用了获得 2013 亚洲最具影响力设计奖（DFA）铜奖的简圆（Orbit）系列，以全新 LED 技术打造的永恒环形光圈，搭配简约时尚的 DimTone 吊灯和 Ledino 落地灯，通过灵活可调的色温和柔和明亮的光色，让人们感受到了至真至纯的光影新境界。

　　时尚炫彩风格——颜呈勋认为丰富的色彩会给人带来不同的感受，迈入其打造的时尚炫彩客厅，感受到的是通过流光溢彩的飞利浦氛围照明产品带来的至炫效果，让家更赋激情与活力。整个空间利用拥有 1600 万光色的飞利浦 Livingcolors 魔灯和溢彩（Slices）氛围灯的有机组合，结合色彩同样多彩的背景图案，让墙面因灯光颜色的变化呈现不同的图形，为空间增添独特的光彩和趣味。

　　新古典主义风格——走进欧阳辉运用光影为笔

墨而精心雕琢的新古典主义家居空间，发现飞利浦的中国风系列灯具与空间东方内敛、包容的独特气质浑然一体，展现在人们面前的是以"返璞归真"为主题来诠释的一个真正属于人们的家。来到客厅，映入眼帘的是以寺庙屋顶为设计灵感的盘韵吸顶灯，搭配即将上市的框架结构的雅居（Frame）落地灯，散发着优雅气息的灯光营造出安逸亲近的氛围；进入卧室，天花顶部设置了古典别致的雅居吸顶灯，同时在床头柜上布置了两盏以青花瓷盘为设计灵感的盘韵桌灯，营造出温馨舒适而又富有层次的休息环境。

　　作为家居照明潮流的引领者，飞利浦明白切实满足人们的需要和渴望必须建立在真正了解的基础上，因此本着"创新为你"的理念，深入洞察使用者的真实需求。对此，飞利浦照明（中国）高级设计总监姚梦明表示："在家居照明领域，灯光更多的

现代极简主义

现代极简主义顶灯

"盘韵系列巧妙借用了青花瓷盘和寺庙屋顶的设计灵感，不仅点亮了空间，也装饰了家庭氛围。"

是要'关注人的感受'和消费心理需求的转变，帮助人们根据心情或场合的不同来营造不同的个性化家居氛围，并通过创新的家居照明设计来强调'你'这个主体的个人空间。"

　　如今全球照明行业正在经历从传统照明走向LED照明的创新变革，数字化LED照明将成为未来家居照明的主流趋势。针对中国家居照明市场，飞利浦一直不遗余力地将其全球领先的设计团队融入中国本土设计力量，凭借以人为本的创新能力和领先的LED技术及应用，不断开发出适用于中国家居空间的LED照明产品解决方案，其丰富的色彩和设计感为家居设计创造个性化氛围提供了灵活的空间，也为家居设计师创意的激发和艺术效果的实现提供更多可能。

philips.com
philips.com.cn

新古典主义风格

Update
最新资讯

2013晶麒麟生活艺术品奖
获奖者公布！

➲ 年度最佳产品设计奖

蔡万涯[万仟堂]

《天珠禅静•茶席》

评审词：《胡笳十八拍》的蔡文姬应是美人，美人用美器，而久居蛮荒之地，或染了些豪迈勇气，以男性的视角再造那未冷的茶席，在南方之地，不儒雅岂不可惜？

从古人的审美取向出发，运用简约处理的空间氛围和体验品的艺术陈设，让主人与宾客在品茶之中共同品味一种素静之美。富有力量感的减法设计，心存素心，把明式和宋式的家具和配饰进行整合后重新再造设计，选用当代的茶具和生活陶器进行混搭，产生了素雅的审美趣味，把质朴生活的主题用一种平和的手法展现给体验者。追求"文人生活的精神"是我们想要表达的空间感受。一个宁静而又文气的茶席，只需一张素雅桌旗，一套茶器和几件泡茶用具，就足够了，只等待茶人入座，填写剩下的故事。

➔ 年度最佳产品设计奖

蒋琼耳[上下贸易（上海）有限公司]
《"大天地"紫檀家具》

评审词：【梁山伯与茱丽叶】【罗密欧与祝英台】本就是跨越时间、地点、人物的爱恋，不以历史观而以国际观的视角去审视美感，或东西方是可以真正联姻的，因为设计只分上下，不分东西，由地域转化为永恒。

　　天地"寓意"天空"和"大地"。这个系列的家具拥有简洁的线条与柔和的圆弧，气度从容博大，好似天地都包容于其中。灵感来自传统明式家具，却将原本外圆内方的设计改成外方内圆，使之拥有了更具现代感的线条，也令其精湛工艺展露无疑。尊重传统的同时，也对人体工程作了细心研究，力求让使用感受贴心舒适。尊贵而坚固的紫檀，在全手工精心打磨之下，拥有了如丝绸般滑润的质感。每件家具从檀木处理到作品完成，需要花费整整六个月的时间，而在细节的处理上更精确到一丝一毫，让这个系列的家具成为精准而完美的艺术品。■

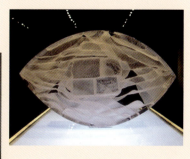

⬅ 年度最佳工艺美术品奖

李文[杭州李文玻璃艺术工作室]
《透器》《太虚》《七封印》

评审词：匠人之心是当下最缺失的美好，以一己之力呈现，是让建筑师、室内设计师万般艳羡的，图纸易画，手艺的高低不只来自大脑，而是心神合一的结果，向工艺美术家顶礼。

　　设计灵感源自作者对玻璃材料的理解——清者自清，浊者自浊。天地始于无极，玻璃材料似乎穿越物质，看到初始。李文希望能表现纯粹的玻璃美，表现材质的本真美。体现玻璃的透彻态度，被固化的液化过程不可思议的万千变化。■

➔ 度最佳艺术品奖

山下工美[山下工美艺术工作室]
《光与影》

评审词："见与不见，Ta永远在那里，用与不用，Ta永远在那里"当生活上升到艺术，就会有爱谁是谁的艺术家勇气，而泷田洋二郎执导电影让日常与艺术必然的结合在一起，光与影带来的视觉冲击又有谁能说不能与《入殓师》的"81届奥斯卡金像奖最佳外语片奖"相比呢？

　　山下工美擅长使用光与影来让人产生错误视觉效果。她利用看似不规则的物件或将物件作不规则铺砌，以光的投影方式呈现出与想象的大不同处并将人物表情细节利用众多媒——表达。■

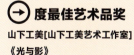

⊕ 中国设计全媒体诞生记

文字 叶玮

设计行业高品位媒介－设计管理、FRAME中文版、MARK中文版与英国Lime品牌数字化团队联手打造的中国设计全媒体平台，于2014年7月2日晚在京发布。经过历时半年的策划和筹建，经过一个月的内部测试，这一平台即将面向广大设计师、供应科技企业、设计相关投资开发企业和设计专业教室和学生开放。

资深出版人、全媒体战略负责人柳战辉先生，中央美术学院国家设计管理研究中心主任海军教授、青橙lime创意设计总监、UXPA中国用户体验大赛专家评委欧阳雷先生到场的嘉宾介绍了设计全媒体的服务宗旨、开发理念、核心价值和详细内容结构。

全球创新科技蓬勃发展，我们从未有像今天这样把设计创意作为企业和产品的核心价值来研究、实践和发展。建筑设计、室内设计、产品设计、品牌设计、时尚、交互和体验设计，我们生活在设计的世界里。设计已经无处不在。中国设计全媒体，通过旗下的《Design Management 设计管理》深入研究了全行业的设计成功模式、方法、思想和立场，三年以来，通过一系列的高质量的专题，引起了设计界和企业界的高度关注。其旗下的《FRAME 国际室内设计中文版》和《MARK 国际建筑设计中文版》杂志，呈现了国际和国内最优秀的空间设计和建筑设计的作品和思想。设计全媒体也通过全国性论坛活动策划组织、图书策划和出版、以及强大的在线平台传播和分享，推动全媒体框架下图书、杂志、网络、活动的多方协调平衡、互

相促进和协同发展，并搭建设计师、科技企业和投资开发者三方平台。上线仅一个月，"中国设计媒体"百度搜索排名就位列第一，"设计媒体"搜索排名位列第 2。

活动邀请到了北京建筑设计研究院、丽贝亚集团、加拿大 IBI 集团、英国莱廷迪赛灯光设计事务所、洛可可集团、万达集团室内设计院、立和空间、Gensler、三磊设计等设计机构；蓝海华业集团、比利时 BASALTE、香港 FLORA 灯饰等科技企业；新浪家居、凤凰网、中国红星奖、PECHAKUCHA 等媒体和公益机构；北京亮点中心和新奥集团等运营和开发机构的代表出席。■

"看见生活－陈设艺术之旅"系列活动6月23日在南京博物院举办

文字 于泓媛

近年来，随着中国博物馆事业的发展，博物馆的作用和功能已不仅仅局限于历史文化知识的普及和宣教，而是将部分注意力放在了提升民众生活品质、弘扬传统文化上。为此，基于展示中华民族五千年的生活艺术，引领当代中国人居空间文化的目的，南京博物院与中国陈设艺术专业委员会联合举办的"在此——中国古代生活艺术之南京博物院展"于5月18日开展以来，受到了文博界、艺术界、文化界的广泛关注，展览以对空间气氛的营造和生活形式的艺术化表现手法，完美诠释了博物馆与传统生活艺术的融合。

整个活动在6月23日达到了新的高潮，在这一天"看见生活－陈设艺术之旅南京博物院展"举办了设计论坛、文化雅集、特邀观展等活动。在上午举办的面向公众的主题论坛中，南京艺术学院副院长何晓佑、中国陈设艺术专业委员会常务副主任梁建国、南京博物院陈列艺术研究所陈川乐、著名台湾艺术家杨柏林、著名设计师陈耀光等专家发表的精彩发言和金陵琴家陶艺、著名北派琴家王鹏、著名古琴艺术家梅士军、赵烨演奏的悠悠琴音，给观众带来了别开生面的艺术享受，令人感悟深刻、意境优雅。

下午，南京艺术学院院长刘伟冬、南京博物院院长龚良、江苏省作家协会主席范小青、九三学社中组部部长杨玲、南京大学党委副书记任利剑、浙江省博物馆馆长陈浩、南京海关关长李多宽、南京图书馆馆长徐小跃、江苏省昆剧院院长李鸿良、中国室内装饰协会陈设艺术专业委员会秘书长黄静美、"在此·看见生活"策展人佘文涛、设计全媒体－设计管理、FRAME 中文版、MARK 中文版创始人柳战辉、中国青年出版社副主编张军等百余位嘉宾在南博老茶馆赏琴观展、品茶论道，就中华传统美学与当代生活艺术的关系以及博物馆展览对其影响和作用进行了深入探讨。

本次活动由南京博物院、中国室内装饰协会陈设艺术专业委员会、北京市书院中国文化发展基金会主办；晶麒麟奖组委会、藏珑会、无上堂、大方之文化传播、设计全媒体－设计管理、FRAME 中文版、MARK 中文版承办；钧天坊文化艺术传播公司、建E网、华颂家具集团、ID+C 杂志社、中国青年出版社协办。

活动有效搭建了博物馆与艺术、观众与艺术家以及艺术界内部沟通交流的平台，加强了民众对博物馆在现实生活中影响力的理解，也让设计师从博物馆藏品所蕴含的值得我们自豪的美学形式中汲取到了无限创作灵感。

酒店设计之视听盛宴

蓝海华业设计师专题沙龙活动成功举办

文字 于泓媛

3月29日下午，由FRAME国际室内设计杂志和蓝海华业集团共同举办的酒店设计暨设计师专题沙龙系列活动首场于北京望京Cup One餐厅成功举办。出席本次活动的嘉宾不仅涵盖了资深酒店设计师，及知名酒店集团负责人，还有一些酒店开发商也前来参加。为了让与会者更好的参与活动，主办方在活动一开始便带领来宾参观了蓝海华业集团影音系统系列展厅。

酒会上，蓝海华业集团总经理逯金重先生以及蓝海华业集团总监徐婷婷女士与来宾一同分享在酒店领域里的经典案例，交流酒店设计心得，品鉴美食美酒。

北京蓝海华业科技发展有限公司，是由清华毕业团队自主创业组建的拥有自主知识产权的专业音视频企业。酒店部门成立于2010年，公司配备设计部和工程部，部门自成立至今，以每年翻倍的速度增长，到2013年底全年酒店销售业绩达50,000,000。目前已合作的酒店品牌有46个，并与市面多家主流音视频品牌达成战略合作协议，为客户提供完美音视频解决方案。

Catalogue
类型
灯具

1. Arkedo

由Lapo Grassellini设计

Arkedo提供了最大的视觉舒适度，是一款为高功率LED阵列设计的嵌入式装置；可固定也可调整模式。Arkedo配有一个压铸铝片散热系统。

martinilight.com

2. Joseph

由Ludovic Roth设计

Ludovic Roth的最新系列，是向德国艺术家Joseph Beuys致敬的作品，使用毛毡精心制作。分为三种不同层次的灰色和三个尺寸。它还可以用做落地灯。

dixheuresdix.com

3. 光板聚光灯

由Erco设计

一系列聚光灯和嵌入式灯具，均配有节能LED。Erco的光板系列，在灯具内将灵活性和极简主义结合在一起，这些灯具非常适用于展览和展示照明。

erco.com

4. Furore

由Lima De Lezando设计

由当地制造商凭借有限的人员手工制作，这盏灯包括若干组合：明亮或多彩玻璃；使用了金、铜、铬、高抛光、冰铜白修饰的黑色框架。

limadelezando.com

5. Valentine

由Marcel Vanders设计

您须等到下个秋季才能看到Valentine。它非常迷人，其外壳内是装饰密实的花卉内部空间。Valentine有一系列不同的外观和颜色可供选择。

moooi.com

9. Edivad
由Davide Groppi设计

魔力和幻觉是这款壁灯的基本元素，壁灯干净的美学效果飘浮在空中，像从玛格丽特的画中走了出来。
davidegroppi.com

10. Sultans of Swing
由Brand van Egmond设计

这款镀镍吊灯有新式和旧式两种，结合了枝形吊灯的绚丽多彩和纹形金属丝的不规则云状。
brandvanegmond.com

6. Tweeter
由Delta Light设计

Tweeter包括嵌入式或表面安装的灯具，倾斜可旋转。它采用了Delta Light的离心旋转系统（ERS），该系统的不对称铰链结合是灵活的解决方案。
deltalight.com

7. Moon
由Fredrik Farg和Emma Blanche设计

Moon给人一种织物般的体验：光线反射到Moon的表面上，如同太阳光线照射到月球上，可与观赏者进行有趣的互动。
zero.se

8. Spin
由Beat Karrer设计

Spin明确地诠释了该经典球形体可调整的特点，这是由于它重心偏离的安装点，从而呈现出不同的照明角度，轻轻一触即可改变气氛。
tossb.com

11. LuminationTM LED灯具
由GE Lighting设计

这款极简抽象主义LED吊灯，将建筑美学和技术性能结合在一起，通过尖端技术，在设计上实现了顶级节能效果。
gelighting.com

1. Illusia
由Kirsti Taiviola设计
　　Taiviola基本吊灯的主要额外功能是"主"灯和"氛围"灯之间的转换，"氛围"灯将迷人的图案反射到下方的表面上。
cariitti.com

2. Tam Tam
由Fabien Dumas设计
　　凭借其簇状外形，包括三或五个像葡萄一样悬挂着的卫星阴影和一系列基本色彩，Tam Tam实现了杂而不乱的目标。
marset.com

3. 大理石灯
由Studio Vit设计
　　轻盈、精致的白色大理石灯，包括悬挂物、落地灯和台灯，标志着原始灯泡和插座的发展过程。
studiovit.se

4. 标志
由Eric Jourdan设计
　　根据创作者的说法，这款落地灯外部采用胡桃木和喷漆金属，属于设计练习作品。
galeriegosserez.com

类型

5. Cocoon
由Patric Gunther设计
　　高科技的Cocoon灯为经过复杂创作过程的数字设计作品，值得骄傲的是它完全采用3D建模完成了有机形态，其网格状中央采用了轻型材料。
voxel-studio.de

186

6. Smartfader
由Niko和TAL设计
　　第三版 Smartfader 曾在灯具和建筑展中展览过，它的特征是拥有一个开/关触碰功能：每平方米的"像素化"瓷砖都会对行人的脚步做出反应，在人行走时，亮起并暂时保留脚印。
niko.eu
tal.be

7. Hello
由Jonas Wagell设计

"Hello"包括一系列颜色，在桦木杆上摆动时会出现较大的阴影，并呈现Wagell所说的"形象外观"。
normann-copenhagen.com

8. Plass
由Luca Nichetto设计

由塑料和玻璃制成，呈略微不规则的种子形状。Nichetto简单而优雅的吊坠通过例证，说明了制造这款最出色的手工穆拉诺玻璃所用的技术。
foscarini.com

9. Faz
由Ramon Esteve设计

Ramon Esteve为他的Faz系列设想出了矿物质的天然形状。他的新款Faz LED动力灯适合户外使用，会令人想起大块的多面石英石。
vondom.com

10. Faces
由Gilles和Yann Pnceletl设计

Faces类似色彩艳丽的伞，配有结实的基座，可调整的毛毡保护层，倾向一旁，为最需要光线的地方带来光明。
moncolonel.fr

11. D' E Light
由Philippe Starck设计

D' E Light具有多功能性和高效性，满足我们对连通性一直不断增长的欲望。在扩散器的上方配有iPad、iPhone和iPod用插口。Starck设计的这款抛光铝台灯，完美地适合当代人的生活习惯。
flos.com

1. Spiro
由Remedios Simon设计

　　Spiro 共有八种颜色和各种可能的配置，由一个装满圆形夹板模块组成，通过可选择的扭曲度，会产生一种令人轻松的温馨气氛。

lzf-lamps.com

2. Light-Air
由Eugeni Quitllet设计

　　Kartell的新台灯使用了两个高碳酸酯激光焊接零件，在反重力和重力的魔术游戏中，将逻辑和轻盈合二为一。

kartell.it

3. Easy Lamp
由Giorgio Bonaguro设计

　　木质，包含两个LED和一种吸引人的复合物（松脂结合大理石粉），这是Bonaguro需要的一切，以直截了当的环保形式返璞归真。

giorgiobonaguro.com

4. Akita Desk Lamp
由Tatsuya Akita设计

　　凭借蒸汽朋克的魅力，Akita将灯具与生混凝土基座和抛光黄铜灯罩联系起来，若无其事地把玩着桌面系列中特征鲜明的木质环。

plantandmoss.com

类型

188

5. Chick
由Luca Vagnini设计

　　这是一款由朴素的橡木和喷砂玻璃制成的轻盒子，装在黑色或白色喷漆钢的框架内。Chick带有一个实用的把手，适合随意移动，但该灯具更适用于放置在桌子或地板上。

lucavagnini.com

6. Icaro Ball
由Brian Rasmussen设计

　　附着在球形钢构件内，像是由该构件提升起来的。Icaro Ball 发出的光很柔和，适合室内和室外使用。

modoluce.com

7. Slide
由Peter van de Water设计

　　利用清晰的交际设计带来可直接调整的轻松享受。

internalaffairs.nl

8. 松木灯
由MadByWho设计

　　设计师使用持久耐用的丹麦松木精心设计了 MadByWho 台灯。设计师在该款台灯的"骨骼"中看到了"懒散的样子"。松木灯有一种 DIY 之感，使得它即酷又实用。

nordic-tales.com

9. My
由Tobias Grau设计

　　骨瓷"碗"罩在熏制的结实的三脚架上。Tobias Grau 的 My 灯给人一种惬意的感觉。该款灯具使用了温馨的白色 LED，共有两种尺寸。

tobias-grau.com

灯型

1. Schizo Lamp
由Guido Ooms和Karin van Lieshout设计

这款明亮的涂漆蓄电池吊灯根据精神分裂症命名是有原因的，尽管无法确定是从哪个维度发出的光，但孔洞和模块交替，使灯罩看起来呈薄片状。

oooms.nl

2. 圆屋顶
由Royal Botania设计

一个有角铝框包围的平面玻璃量筒，赋予了 Royal Botania 为 Dome 灯设计的（可用做台灯或吊灯）现代灯笼的外观。

royalbotania.com

3. Kokeshi
由A+Acooren设计

明显参考了日本传统小木偶，这款灯的反射镜是倾斜的，看起来像微笑着向你致意。Kokeshi 共有两种颜色。

vertigo-bird.com

4. Aerodrome
由Alberto Pucchetti设计

这款流线型的 Aerodrome 灯的灵感来自飞机的涡轮发动机，配有铝制基座、略微闪光的灯柄和激光切割的灯罩。Pucchetti 的这款精雕细琢产品有多种颜色。

northrnlighting.no

类型

190

1

2

3

4

5. 38系列
由Omer Arbel计

该款灯建立在28系列的基础上，并将它的概念发挥到极致。Omer Arbel给了我们38系列半盏灯，半个玻璃容器。这款灯会发出柔和的光，为温室盈造了温馨的氛围。
bocci.ca

6. 火炉
由Couvreur & Devos设计

精心设计的几何学双中心点散发出强劲的光线。火炉可以旋转370度，向上倾斜90度，对于定向照射而言，它是一个异乎寻常的灵活选择。
supermodular.com

7. Paperwork
由Harry Allen设计

从传统灯具模型中"抽样"，然后包装它们。按照这种方式，Christo和Allen与设计师Kenneth Cobonpue一同合作，制作出这个令人印象深刻的Paperwork系列以及节能LED。
designbyhive.com

8. Tina
由Arturo Alvarez设计

它的光源产生了大量的黑色或白色聚丙烯条。Tina非常具有个性，鼓励人们为更为原始的外貌进行定制，可以用"理发"来形容这一过程。
arturo-alvarez.com

类型

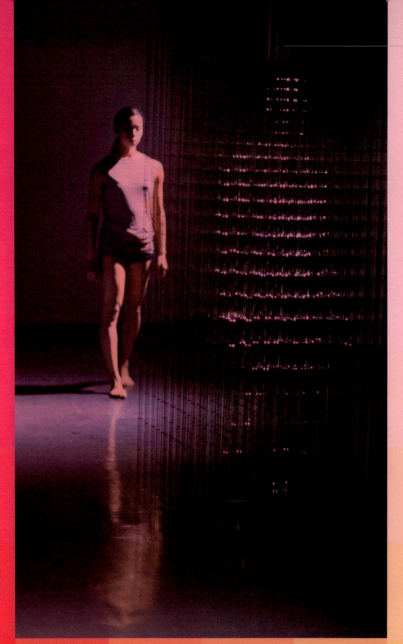

照片 Esra Rotthoff

220
设计艺术
互动体验

218
一位艺术家
最新观点

206
陈设中国—晶麒麟奖
生动空间

Stratos in a dressing room

Design: Studio Hanneswettstein

Trends
关注

2013陈设中国 — 晶麒麟奖

文字 叶玮

年度居住空间最佳导演奖

半山建筑
杨焕生、郭士豪
杨焕生建筑室内设计事务所

年度最佳居住空间伯乐奖

半山建筑

半山建筑位于八卦山台地，视野辽阔，可远眺中央山脉群山，也可俯瞰猫罗溪溪谷。宁静优雅的文化与风土和台湾便捷的现代化交通系统与通讯网的接轨在这座半山显得无比方便。业主委托设计师在大片低矮的茶园中设计新家，希望建筑落成时在室内也能欣赏这份景致。

建筑物总长30公尺，是以中心二层建筑量体为主，利用重迭、错离及融合等构成方式组成，由次要空间水平向右延伸16米×3.5米的户外雨棚及左侧12米长的钢结构车库顶棚形成一个水平长向白色建筑量体。

室内建筑以清水混凝土墙构筑，室内桧木屏风与室外的孤松形成光影对话，建筑结构简单及清净，但依然讲究建筑所重视的光影、通风与地景的微气候效应。

自然流动在其间的不只这些自然元素，还包含了人的动线、功能的布局、视线的角度和身体的感触；身处半山环境之中，这一流畅的空间可以感染一个人的身心，并随着空间文法的流动微妙地改变居住者的心灵变化。

建筑肌理的曼妙流动于宁静的光影空间之中，空间是背景，生活是主体，利用简化格局与宽阔动线拉长空间距离，为了铺成丰富层次，让人难以一眼望尽屋内的所有动态，特意配置了多道屏风界定空间虚实的开合，藉以定义场域里外的属性。

评审词

集建筑、室内、艺术品为一体，设计师以如同Michelangelo Antonioni的镜头方式，用西方语境表述东方的雅致、含蓄和永恒。手法写意，境界悠远。

年度办公空间最佳导演奖

苦竹斋
冯羽
大羽营造空间设计机构

年度最佳居住空间伯乐奖

大羽营造空间设计机构

因何做此苦竹斋? 从一开始就想尽量回避掉空间的特质, 做一个什么都不像的地方。又总想在探索一种空间艺术视觉上的最低限度的可能, 让一切回到简单、平实, 不见任何法则、规律的存在, 只现空间的本真状态。简单平实的技法, 脆弱到极致的质朴物料, 回到一切的原点, 宛若婴儿重返大地。这个社会和设计这个圈子因为"有"让我们如此轻浮, 只有回到原点, 才能找到属于我们来时的路。

故而选择了最低成本、最简单、最柔弱的竹篾作为空间质感的表达, 工法同样回归民间乡土基本工艺, 手法简单, 避开正式工匠而为之, 满足功能即可。恰是这一切的脆弱与业余, 让我方见来时之路, 这个世界本身并不复杂, 设计让你我把这个世界基本的情感及状态摈弃掉, 去追求多余的神秘与复杂, 故你我之世界, 不见人文, 不见情感, 不见自我, 更不见本真。

苦竹斋, 如苦行, 如苦修, 如谦虚之竹, 如凌风之竹, 放低自我, 方显这个世界; 退隐艺术家, 方显艺术, 这便是"苦竹斋"。

评审词

六面体顶地墙，如何打破一个盒子？如何偷换一个概念？
空间如电影，或如《回到非洲》的影片中阳光、光影、野
趣、蒙太奇的手法，使办公变为放松、愉悦、享受其中。

评审词

李安式的演绎或使时空产生错位与流动感，而陈可辛的香港商业片清新温暖令人感动，此案结合以上两种表述方式，山水如画与尊贵亲切表达合宜，令人难忘。

年度商务空间最佳导演奖

时代平沙糖果社区售楼部会所时代港
刘超然
广州帝玛装饰工程有限公司

年度最佳商务空间伯乐奖

时代地产集团

何为优秀的软装？思考了很久的结论是：所有的软装饰必须与该空间不谋而合。因此，契合度成为了看似简单却是空间升华难度的代名词。

因吊顶云山的庞大，以至于原本打算用在墙面上的挂饰在进场的试挂之后全部取消。用在玻璃茶几里的小型雕塑也一律取消，换成简单的根雕与透光盒。软装设计师必须懂得舍弃，一切都应该从设计出发以保证空间的统一性、和谐性，有的时候"少即是美"！

首层售楼区独创的家具产品迎合了售楼部的功能需求，在每张沙发的右侧与背靠区域设计了书籍摆放的位置，这样有利于客户在闲暇之余随手便能拿起一本书来阅读。而应用玻璃茶几的使用则希望空间能够更加的纯净通透。考虑到配饰上需要与吊顶云山呼应，自然形态、朴素、生命、感受等词语呼之即出，于是便有了根雕、蕨类绿植、素胚器皿等，当然5 000本设计书籍也成为该空间的重要摆设品之一。

二层是会所餐饮区域，除了延续首层灰色系的家私，其中特制的大型蜡烛更营造了饮食的温馨与浪漫。北欧情调的餐椅，手工素胚的陶艺，一切的一切都像是专程为了这个空间而设。油画时而抽象时而具象，这种狂野和收敛的微妙，只有亲临其中才能感受。

晶麒麟

年度健康空间最佳导演奖

郑煤仁记体检院
王政强、苏四强
郑州弘文建筑装饰设计有限公司

年度最佳健康空间伯乐奖

郑煤仁记体检院

评审词

外太空永远是未知的，幻想一个没有重力的地方，*Andrew Niccol*执导的《时间规划局》中可能出现的场景，让体验变成悬浮的空间实验，准确、妥帖、宜人。

"Crossover"意指跨界设计，是两个或多个领域的合作。在当下，"跨界"是一种新锐的生活态度和审美态度的现代融合。跨界设计不仅仅是随意的搭配，而是原本对立的元素从相互渗透到相互融和，从而产生新的视觉亮点或者提供新的视觉经验的过程。现在跨界设计的概念已经蔓延到了生活的各个角落。

郑煤仁记体检院以白色为主基调，颠覆了人们对于医院建筑的惯常视觉经验与行为体验，虽然这里依然有作为一个以体检为主体的空间所具有的全部功能分区（体检区、VIP区和门诊区），但这些空间的形态在郑煤仁记体检院中发生了巧妙的变异。

郑煤仁记体检院室内空间的视觉语言已经跨越了医疗类空间设计惯有的视觉语言范畴。通过营造具有强烈未来感的空间，通过平面语言与立体语言的交叉运用，让郑煤仁记体检院室内空间拥有了一种与众不同的视觉特质。跨界设计的手法在这里得到充分的发挥，最终的结果不但开启了人们的想象，也让人们重新开始审视自己所生活的世界，以一种新的视角来看待自己。

评审词

赴一场《夜宴》，或者不是冯小刚拍摄的场景，臆想韩熙载生活的周遭，时间、地点和人物都分寸得体，静幽幽、忽有伶人飘过，意犹在、琴声绕梁许久，超越电影的绝妙创作，高高手。

年度休闲娱乐空间最佳导演奖

南京中航樾府会所
梁建国、蔡文齐、吴逸群、宋军晔、王永、罗振华、聂春凯
北京集美组装饰工程有限公司

年度最佳休闲娱乐空间伯乐奖

中航里城有限公司

东西方几千年来生产粮食的方式对其各自文化的影响非常深远。如果说东方是以"水"为基础的农耕文化，那么西方则是以"油"为灵魂的游牧文明。这不但影响了各民族的饮食结构，还深入地影响了他们的文化。就像中国传统绘画工具的稀释剂是水，而西方古典油画的稀释剂则是油。生产生活的方式还同样地根深蒂固地影响着两个地方的建筑。

在中国的江南，水与木的建筑结构自古相依相辅，互为"鱼水"，樾府会所正是位于江南水乡。在这个古宅改造项目中，我们的设计将很多传统的元素进行了当代化的转变。木格屏风在改变图形比例的同时加上镀镍材料的运用，变得像江南特有的连绵细雨；室内的青砖不再是粘土烧制，而是青色的蚕丝包裹而成，富贵的基调自然而然的融入了这份丝滑。

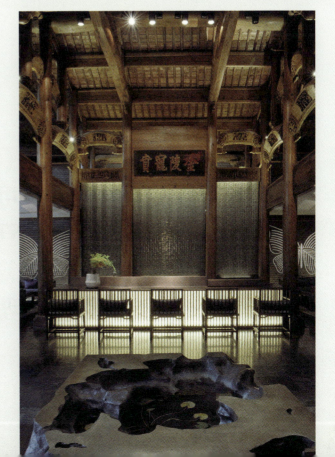

评审词

Martin Scorsese的《雨果的冒险》是具魔幻现实主义色彩的,既然主人翁可以生活在钟楼的机械钟,为什么废墟般的厂房之中不可以让材料重生?造一个不可实现的境,让石之肌理美感如画般呈现,幻了、化了、解构了……不合情理但合理。

印象五号会所是集空间艺术设计、奢华石材鉴赏、石材珍品收藏发布及设计师创意沙龙为一体的大型互动交流会所。在整体布局上，印象五号包括了产品展示区、场景展示区和主题交流区这些大型功能区域，同时又加入了雪茄区、吧台区和洽谈区等交流区域。八百多平方米的室内空间被大量格栅隔断，各个空间之间若隐若现，彼此分离却视野相连。结合艺术走廊的陈列方式，用迂回的空间走向以点连面地带动客户欣赏整体空间。

业主需要一个能够最大化地展示奢华石材的品牌文化和内在价值的空间，并使之成为石材美学的交流展示平台，于是最终选择了福州三八路段极具历史感的老仓库作为石材的空间载体，设计上通过对空间和材料的深刻解读，将自然与传统、商业与艺术、细腻与粗犷出色地融合在一起。

印象五号在设计上巧妙地运用了博物馆里艺术长廊的迂回浏览方式，又结合了苏州园林一步一景婉约留白的方式。同时完善地利用了原始结构，在斜屋顶的梁结构上隐置了各种光源，充满故事感的木头上又吊上几盏浮云般的藤艺灯源，衬托出大自然瑰宝石材的特殊肌理感。

设计师在风格上融入了新东方和LOFT两种风格，将石材自然地融入了老建筑的历史感，赋予了石材生命力和表现力，凸显石材的艺术内涵和商业价值。

本案的立足点在于如何在当今浮躁的社会里让人们放下对商业气息的本能防御，能够沉静下心去解读这类奢华级石材真正的内涵与价值，最后在以石会友中达成共识，水到渠成地促成商业合作。

年度商业空间最佳导演奖

印象五号·福州
陈明东
福州三禾堃装饰工程设计有限公司

年度最佳休闲娱乐空间伯乐奖

英良石材集团

201

评审词

高山流水、空谷回音，传统与当代是现今永远绕不过的话题，以尊重之心见古，以隔离之心建今，穿越剧是最佳的表达方式，不可及却可心生向往，粘合、形神合一，分离、再造更新。

北京服装学院传统文化传习馆面积虽小，但却是集传统手工艺文化展示、传统手工艺技艺传承交流和设计作品售卖于一体的综合性博物馆。整个传习馆利用原有的北服产业创新园二层中一段50×11米的狭长双层高空间改造而成。

传习馆空间以原有的建筑防火卷帘为界划分为了东边的公共区（包含入口厅、设计商店、小文化广场、茶室及可以上网的水吧区）和西侧的工坊区（包含京绣、制鞋、草木染、金工等固定工坊和一些临时工坊）。设计师打破了在设计传统文化空间中的惯有做法，将每个工坊都设计成了横跨在整个进深方向的阶梯状空间，巧妙的解决了进深不足的问题，并满足了交流动线的要求，形成了独特的工作空间。

工坊靠南侧的一层空间为手工艺传承区，中间的台阶做为休息阅读和交流空间，侧旁通高的书架上可以放置书籍、工具和布料。北侧二层的空间做为电脑做样绘图的地方横跨在交通走道之上俯瞰整个工坊，而工坊阶梯状的空间在南侧的二层部分又自然地形成了一个新的工坊空间，可以用于进行临时性的培训。

茶室和礼仪培训的空间是一个"漂浮"在二层的盒子，由夹宣玻璃包裹而成，从传习馆的公共大厅直冲入大楼电梯厅里，象一个巨大的灯笼指示出入口的位置。内部的灯光将茶室里饰品的光影投射到"灯笼"壁上，产生了东方含蓄的美。水吧区则形成了对另一个主要人流方向的指引和回应，坐在台阶上的同学和下方楼梯间来来往往的人形成了有趣的互动。

传习馆是一个旧建筑内部空间的改造项目，在设计中受到了诸多的限制，不仅局限在空间层面，也包含了结构、设备、电路改造及调整等技术层面的内容。这些限制条件对我们的设计提出了挑战，同时也划分了设计的起点，帮助作品形成了独特的个性。

年度文化教育艺术空间最佳导演奖

北京服装学院传统文化传习馆
金雷、晏丹
空间进化（北京）建筑设计有限公司

年度最佳文化教育艺术空间伯乐奖

北京服装学院中关村时尚产业创新园

年度最佳光氛围设计主角奖

北京1949全鸭季金宝街店
关永权、朱海燕
关永权照明设计（北京）有限公司

年度最佳光氛围设计知音奖

北京捷鑫景餐饮有限公司

北京

晶麒麟

1949全鸭季金宝街店坐落于北京东城区东南部红星胡同，著名京剧表演艺术家梅兰芳先生于1920年将胡同的24号宅院买下并在此居住，因此红星胡同便成为当时人文荟萃之地，是京城享有盛名的一处艺术沙龙。

步入建筑主入口可以看到过厅走廊两侧的玻璃隔墙均采用1949数字的艺术变形，由密到疏、错落有致，玻璃与镜面交相呼应。走廊作为迎接客人的必经之路，内透光墙体将视觉焦点最终凝聚到入口的自动感应门。两侧自动门分别连接四九汇（私人会所）和全鸭季两个就餐空间。值得骄傲一提的是感应门的感应装置和入口埋地灯的供电装置相连，在感应门开启时关闭上照灯，让客人可以不受埋地灯的干扰自由进出。从灯光设计的角度上充分照顾到客人的视觉舒适感。

围绕庭院而设的全鸭季，无论选择落座何处，均可饱览四合院的庭中美景。庭院的灯光着重表现四合院的垂花门头。9W窄光束LED埋地灯在提供对建筑红漆立柱照明的同时刻画了雕梁画柱的细节，与院落中被3W LED投光灯照亮的智者雕塑艺术品相呼应。

整个餐厅的灯光设计打破了传统照明设计手法，大量运用了LED新型灯具，采用了埋地上照灯和间接光照明的设计手法，在着重表达装饰材质的同时提升建筑空间感，在金宝街如此奢侈繁华的街区，打造了一处静谧祥和的暗香。

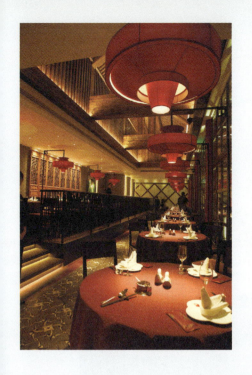

评审词

由**Baz Luhrmann**执导的《了不起的盖茨比》华丽、雍容，而译制片式地翻译成中文同样拥有近似的内核，如果把声音关闭而抽离形体，光定便成了主角，可以带来一切。设计师用心去创造逆于所见即所得的虚空，功力十足。

年度最佳空间配饰设计主角奖

新加坡WHD办公室
张震斌
新加坡WHD酒店设计顾问有限公司设计

年度最佳空间艺术配饰知音奖

艺术家 黄拱烘

北京

晶麒麟

新加坡WHD办公室在2012年完工，为了更有助于展示陈设艺术品，WHD整体空间为白色系。经过一年的收集，如今适合放置的艺术品也逐一归位。其中包括黄拱烘老师抽象画大作《无题》、老樟木茶台、柏木根、龙文堂铁壶、政光作铁釜、吕尧臣紫砂壶、阴沉木制成的《老子悟道》、山西红漆描金老柜等等，配合以简约改良的明式家私，整体风格温馨优雅，让设计师们可以舒适优雅的工作。

闲暇之余喝着普洱，听着古琴提笔疾书。设计师以空间为载体，艺术品为灵魂，把一切不属于工作生活的内容剔除得干净利落，营造出简单生活、快乐工作的空间方式。

晶麒麟

评审词

当泓一法师还是李叔同的时候，曾经出演舞台剧。然人生即如舞台，生旦净墨，如此空间主角，素面布衣、焚香祝祷，而《活在当下的东方》或许是隐士的真正意义。

年度最佳空间布艺设计主角奖

双生 蜕变
江欣宜
缤纷设计

年度最佳空间布艺设计知音奖

长堤家居设计中心 La CanTouch Home

在中山北路富有巴黎气息的香榭道路上，缤纷设计团队串联街景并融合法国20年代工艺文化精神打造出了兼具人文与感性的浪漫生活空间。

客厅背墙以具有品牌精神的布艺裱框为背景，彰显了业主对于经历法国工艺洗练的经典文化的追求；使用简洁线条的现代家具兼容材质形式多元化的建材，创造出法式休闲的新古典空间；沙发上点缀黑色绳边与钛丝图腾抱枕，配以造型时尚并采用钢烤技术的圆桌，带出奢华、优雅的视觉享受；展示柜内色彩饱和、质感典雅的精品旅游画卡则透露屋主本身丰厚的人文素养及品味。

在空间配置的中心位置，摆设开放式中岛吧台，与长方形餐桌结合的具环绕动线的设计，让居住的上下两代在紧密互动的同时也能惬意地生活。考虑到家庭成员的自主性，所以在卧房规划上均设有全套的套房配备，让社会新鲜人的新新女性有着独立思索的发想空间。

在不到五十坪的空间内，缤纷设计团队藉由专业的平面整合和动线规划设计出气派优雅的客厅、餐厅、设备完善的三间套房和机能实用的开放式中岛，其中陈设艺术精神的置入，为屋主打造能够透过岁月洗练的生活空间。

评审词

1971年《理智与情感》复原了Jane Austen的虚拟与真实，其中服饰的优雅是影片成功的推手。高级的灰色最难琢磨，料想此创作者应是妙龄，Elinor的理智与Marianne的感性，柔软稳定，如云彩后闪亮的边境。

年度最佳空间花艺设计主角奖

杭州富春山居花艺
凌宗湧
CNFlower

年度最佳空间布艺设计知音奖

杭州富春山居

富春山居是设计师在10年前接下第一个设计酒店的花艺项目，当时设计师并没有直奔当地花市，而是在走进空间感受环境的气质和氛围后，才到附近的山林寻找当地的季节素材，将当地的风土文化带入空间里，用顺势而为的风格，自然地让花艺进入人的生活。

不讲求花艺设计的技巧，着重内在对生活的感悟，对花材也是如此，在选用花材时，从不强调只选用高级或稀有的花材，每一种花不分贵贱，每一种素材都有其自然的特质、颜色、肌理与纹路。设计师将自身的生活美学渗透入花草树木，使得人与空间、时间之间自然地产生对话，让花艺带我们找回初衷，重新去感受生活中的原始之美。

评审词

聊斋志异·卷十·葛巾应属魔幻剧，而巧用当地、当时应景之物编织幻境则是人间巧手。美好得不真实应该是空间花道的最高境界，顺着创作者的思绪和情感触及脉络，就如同遁去从前的痕迹。可寻、可亲、可近、心生崇敬，因为那份花仙的心情。

年度最佳空间家具配搭设计主角奖

NEW ORLEANS GRANDEUR
Alexa Hampton
Mark Hampton LLC

年度最佳空间家具配搭设计知音奖

Hickory Chair Furniture Co.

晶麒麟

评审词

Joseph L· Mankiewicz于1953出版的《凯撒大帝》中Marlon Brando在当代建构的宫帷流连，而断代已无法还原旧时的模样。设计师仍可以在比例氛围间游荡，追溯上下千年的彷徨，营造出克娄巴特拉的殿堂，也只能这样。

Alexia是一个名副其实的继承者，但她的设计并不为任何条条框框所束缚。其新古典主义风格系列作品NEW ORLEANS GRANDEUR带有浓烈的18世纪法国、俄罗斯经典设计的缩影，但并不落教条主义、形式的窠臼，亦不为着力刻画造型而牺牲舒适性——这要求设计对细节精准的把控能力。在这一系列中没有一件单品可以代表她的整体风格，每组家居都是独树一帜的艺术品；而系列的整体组合效果则足以呈现古典欧式家居的华丽与精致，同时营造出极致温馨、舒适的用户体验。

东京

装置

黑盒子

在仅由3D框架构成的装置中，日本艺术家Yusuke Kamata
改变了我们的观点和看法。

文字 Kanae Hasegawa

27岁的日本艺术家Yusuke Kamata依旧在攻读艺术硕士学位。他使用简单的装置来建造有趣的装置，这些装置迷惑着我们的观点和想法。被训练成为画家的Kamata承认，他不倾向于将自己想象为一个人。通常画家将画框用于"包含"艺术，而他将画框用于"解放"艺术。

你是如何想到用画框制作装置的？

<u>Yusuke Kamata</u>：上大学时，我练习绘画，研究绘画史。在研究绘画中的新东西时，我意识到每一件事情都已经有人做过。因此我将重心转移，试着去理解绘画的性质。是什么将事物变成绘画的？这个问题将我引向了画框，画框被视为绘画的决定性元素。然后，我试图制作一幅未实际绘制的"画"，方法就是制作一个画框，使它看起来缩入了画中。

为何采用这种奇怪的角度？

令我好奇的是，在画廊和美术馆，人们只从前面观赏绘画，他们几乎不从其他角度观看。然而绘画需要从前面看吗？从其他角度观看的话，它们会是什么样子？类似的这些问题使得我将画框扭曲，从而破坏了往常的标准，这就是透视法。

是谁或是什么给了你这样的灵感？

特殊的灵感来自16世纪的绘画作品《奉使记》，这幅画现在悬挂在伦敦国家美术馆。《奉使记》中两位大使被画得极为有排场和威严，但在地板上却有一个古怪的物品，当你恰好站在画的前面时难以看到，必须以某种角度看这幅画，并将看到的这件物品分解成意念，你才会发现它是个颅骨。我认为这是一幅不可思议的绘画，让我对透视法有了全新的理解。

那立体派呢？

立体派也影响了我的作品。立体派画家努力在一幅画中，从许多不同的角度展示主题的各个剖面，就像绕着雕塑作品走动一样，从而进入二维空间。

你的装置实际上是三维的，就是你使用的画框的形状，尽管我们通常认为画框是平面物体。

没错。我想消除对绘画的正面描述，来表达我们看到的事物有不同的透视，并且证明实际上没有"前面"。在2009年的一个作品中，我试图展示100种不同的透视。我用相连的画框制作了100个立方结构，利用平行线、倾斜物、等容线和不等角投射创作而成。这是以2D的形式绘制3D物体时使用的精确透视法，但它们显得被扭曲了。我的作品是关于100维空间的，而不是关于绘画的2D世界。

尽管画框是根据你提到的透视法精确绘制的，但每样物品看起来都是歪斜的。

这是因为每个画框侧边厚度都不同。现实世界中，透视法使得你面前的直线显得近粗远细。但是，我有意让画框的一些侧边在前面的较薄，后面的较厚，从而混淆透视。这样，你在这些构筑物内部绕圈行走时，就不会再看到前面或后面了。许多人同时看同一件物品时，同一个空间内的不同的透视全都杂乱不堪，现实中亦是如此。

立方体，资生堂画廊，东京，2012年
图片 Ken Kato

光线娱乐

在柏林的Made画廊，Random International小组展示了"未来的自己"，这个装置体现了该小组打破设计边界的野心。

文字 Inês Revés

作为四月份柏林画廊周末的一部分，Made画廊展出了"未来的自己"，这是由Random International小组制作的光线装置。该装置表明创作者将不断探索观众与数控物品之间的互动。对于这次初展，Random小组邀请舞蹈指导Wayne McGregor和作曲家Max Richter编排了一场与该作品进行互动的表演。

"未来的自己"利用3D摄影机跟踪人体运动，并对人体运动做出反应。这些3D摄影机将紧密靠近装置的参观者记录下来，然后将这些形态反射到一块铝格栅上，铝格栅由朝不同方向发光的1万多个LED组成。摄影机捕捉的信息经过软件处理可以进行延时播放，如果超过一个人在装置的不同端走动，所复制的影像就是被拍摄下的全部形体的单一混合影像。

Random International小组是于2005年在伦敦成立的一家组合公司，创立者为Hannes Koch、Stuart Wood和Florian Ortkrass，这个在产品设计方面接受过培训的三人组。近年来，该组合对数字作品很感兴趣，并在很大程度上进行了亲身实践互动：通过观众和装置之间的相互影响，让项目中所证明的目标活跃起来。对这一主题的分析从观众开始，装置模仿人脑在对参观者接近它时做出反应，基于同一种理念的若干装置跟随着观众。Swarm Light作为一个敏感动作例子包含了大量的LED灯，它们通过舞蹈呼应着参观者的动作，试图鼓励人们更为活跃地参与互动。同年，Swarm Light在迈阿密设计展上展出，为Random Inter-

未来的自己
由Random International设计
反映人体运动
图片 Esra Rotthoff

"未来的自己"在柏林画廊周末初次亮相时，
专业舞蹈家与装置进行互动
图片由Random International友情提供

national小组获得了"未来W酒店设计师"奖。

Hannes Koch说，Searm Light的概念是"未来的自己"的起点，但他明确地将后者定义为艺术项目，并指出"在这个舞台上，我们将自己定义为艺术家，而不是设计师"。但是，这份声明似乎与该组合取得的若干里程碑成绩相悖，例如，2006年的壁纸设计奖；2007年《观察者》将Random列入英国十大顶级设计师名单；2008年，将Random的Instant Labelling系列收入MoMA的永恒设计系列。

"未来的自己"由Made制作，Made是一家跨学科机构，既是一家画廊，也是各种创意性科目的展示平台。尽管Koch做出了相反的主张，但为"未来的自己"提供了一个环境，这种环境将该作品无可争辩地归为"艺术装置"的分类中。很难忽视Made对最终结果进行的复杂研究所花费的漫长时间，研究得到了设计团队的支持，在很大程度上，这类研究与通常标准设计流程所需要的研究相对应。

在探索有生命的人与无生命的物体之间的互动方面，"未来的自己"已经取得了进展，但是这一进展主要是因为强大的技术，将视觉体验向前推进了一步。

关于概念，该项目并未开拓出新天地，尤其是

己""可以展现另一个版本的自我"，"或许这才是真我"这一观点似乎有些牵强附会。

不可否认的是，该组合的调查和实验展现了艺术精神，但不够强劲，从而无法让这件作品被归为完全纯粹的艺术。该组合的设计史与它对艺术的开放性相结合，令各项科目之间迷人的邂逅产生了一个力场，这可能才是"未来的自己"最为成功的。

" 难以将该作品归类为 完全纯粹艺术。"

未来的自己

设计 Random International（random-international.com）

材料 铝、定制的电子设备、3D摄影机、LED和黄铜杆

尺寸 120×150×345厘米

版本 一次性

画廊 Made Berlin（made-blog.com）

与该组合先前作品的观点对比，"未来的自己"简单地重复了同一个公式。尽管它的确为观众带来了充满紧张的情绪体验，因此完成了Random小组的主要目标，即参观者与具有"人类触觉"的装置之间的互动。但是，该三人组在声明中表示"未来的自

"未来的自己"共使用了1万多个LED灯
图片 Nils Kruger

JSPR

CROWN

时代风云人物

一本描述法国年轻设计师Mathieu Lehanneur快速成长过程的新书。

文字 Chris Scott

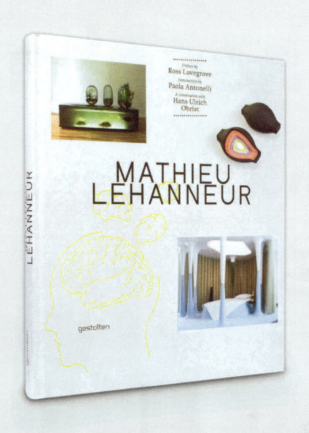

尽管Mathieu Lehanneur仍是位"年轻设计师"，但他已经凭借一部具有前瞻性的重要作品获得了成功。本书将科学、医学和当代思想兼收并蓄，并发掘了这位法国设计师迄今为止的故事，特色是其中包含了与策展人Hans Ulrich Obrist之间的对话及设计师Ross Lovegrove、Paola Antonelli和其他人所做的评论。FRAME向Lehanneur询问，他自己对本书、以往作品以及即将到来的事情的看法。

在前言中，设计师Ross Lovergrove将你描述为文艺复兴之人，你这么认为吗？

Mathieu Lehanneur: 我之所以请Ross Lovegrove写前言，是因为我想在这本书中体现他那鼓舞人心的具有创造性的观点和想法。我认为我本人或我的作品的这些无缘，虽然被称为文艺复兴者非常讨人欢心。我想成为其中一员，然而我需要生活在文艺复兴时期，生活在各个领域彻底被改造的时期，包括科学、艺术和哲学领域。但我认为，今天的时代精神正处于新世界与旧世界之间碰撞的阶段。

"我们不知道在新世界和旧世界之间如何选择。"

你出版本书的理由是什么？

实际上，这个想法是他人给我的建议，刚好时间也比较恰当，因为书的出版日与我工作室的十周年纪念日相同。这十年里，我经历了各种各样的冒险活动，但我并不想让这本书成为一本目录册，仅仅平淡地展示我的全部作品，或者只是一本供设计师们浏览的书。

我藏书颇丰，但只有几本是关于设计的。我的目标是展示项目开发的方法，包括它的流程、灵感来源、隐藏的情感以及充实这部作品的人和物。我想要一本"开放式的书籍"。

所以你希望不仅给设计师，还包括参与创造事物的每一个人以灵感。但是什么让你产生灵感呢？

明确地说，是我的客户。一个项目不可能独立存在，它永远不是凭空而来，你必须从事它。仅给我一张白纸的话，什么都不会发生。但是当我和客户在一起时，无论是个人还是公司，我的创意就会喷薄而出。如同一名医生，我需要有面对我的病人，当我独自一人时，那就没人要接受治疗。

你如何看待设计的发展状况？

前进的惟一方法就是心无旁骛，少去看已经存在的作品。历史很危险，它逼迫我们参考以往设计师的作品，从而复制相同的解决方案。如果设计继续回顾自己，那它就会停滞不前，如果它去看世界上正在发生的事情，它就会日新月异。就好比我翻开一本设计杂志时看不到任何想创作的东西，但当我翻开报纸时就有成千上万的可能性等着我。

你最近忙于……

一家临终关怀中心、一家剧院、一款手表、药物设计、街道装置和瑞士的一座建筑物。

能描述一下你心中的完美项目吗？

我梦想着酒店和诊所之间的某种联系，一个能令身心和谐一致的地方。

Mathieu Lehanneur
Robert Klanten、Sven Ehann（编辑）
Gestalten出版社
ISBN 978-3-89955-395-6

Bonjour, Shanghai

你好，上海！

下一期，Frame将带您到中国被誉为东方明珠的城市上海，这个位于长江入海口，隔海与日本九州岛相望的城市拥有深厚的近代城市文化底蕴和众多历史古迹。我们将讨论当地的风貌现状并展示当地新锐设计师呈现的最新作品。

Fazenda Galeazzo Design